高等学校 智能科学与技术 人工智能 专业系列教材

单片机与嵌入式系统

基于51单片机Proteus仿真和 C语言编程

吕宗旺
李忠勤 | 主编
孙福艳

U0376540

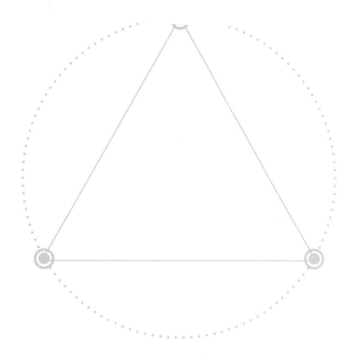

 化学工业出版社

·北 京·

内容简介

本书面向单片机初、中级读者，全书共分为8章，分别详细介绍了单片机开发与仿真环境搭建、单片机C51语言基础、51系列单片机及最小系统、基础外围电路与程序设计、中断与定时器、常用芯片及其通信协议、药物配送小车、电风扇控制系统的设计与实现等内容。本书通过实例讲解单片机基本结构和接口的设计与应用，内容翔实、结构合理，图解清晰、讲解透彻，案例丰富实用，能够使用户快速、全面地掌握51系列单片机及外围接口技术。本书配套电子课件及案例资源包，读者可扫描封底二维码查看或下载。

本书有较强的系统性和实用性，可作为高等院校电子信息类、自动化类、计算机类相关专业的教材用书，也可作为中专、中技、高职高专等院校学生的培训教材，还是电子技术开发人员和希望深入学习电子工程及应用技术的读者的参考书。

图书在版编目（CIP）数据

单片机与嵌入式系统：基于51单片机Proteus仿真和C语言编程 / 吕宗旺，李忠勤，孙福艳主编. —北京：化学工业出版社，2023.6（2025.1重印）

高等学校智能科学与技术/人工智能专业系列教材

ISBN 978-7-122-43047-2

Ⅰ. ①单… Ⅱ. ①吕… ②李… ③孙… Ⅲ. ①单片微型计算机-系统设计-高等学校-教材 Ⅳ. ①TP368.1

中国国家版本馆 CIP 数据核字（2023）第 039956 号

责任编辑：郝英华　　　　　　　　　　　文字编辑：吴开亮
责任校对：王鹏飞　　　　　　　　　　　装帧设计：史利平

出版发行：化学工业出版社（北京市东城区青年湖南街 13 号　邮政编码 100011）
印　　刷：三河市航远印刷有限公司
装　　订：三河市宇新装订厂
787mm×1092mm　1/16　印张 13　字数 336 千字　2025 年 1 月北京第 1 版第 2 次印刷

购书咨询：010-64518888　　　　　　　　售后服务：010-64518899
网　　址：http://www.cip.com.cn
凡购买本书，如有缺损质量问题，本社销售中心负责调换。

定　　价：49.00 元

前　言

为全面贯彻党的二十大精神，本书结合信息化产业的发展及培养一流人才的需求，以工程实践为基础，以工程教育为导向，通过课程实践，将思政元素潜移默化地融入知识中，培养学生解决复杂工程问题的能力，达到"为党育人、为国育才"的目的。

单片机与嵌入式系统是一门专业技术课程，设置本课程的目的是让读者学习和掌握嵌入式系统的系统结构、程序设计方法、应用技术发展现状，使读者对嵌入式系统中单片机各部件的工作原理和软件编程方法有全面的了解，掌握单片机应用系统的开发和设计方法，为进一步学习嵌入式系统打下良好的基础。

通过对单片机与嵌入式系统的学习，可以使读者了解单片机及嵌入式系统的基本概念和片内资源，掌握计算机基础知识，具有针对单片机工程问题的分析能力；熟练掌握单片机及嵌入式系统的引脚功能、定时器以及中断等资源，能根据单片机开发的基本理论，分析项目开发过程中的影响因素，证实解决方案的合理性；熟练掌握单片机及嵌入式系统开发环境以及不同型号嵌入式系统的开发技能，使读者可以正确选择平台、技术、资源和工具，解决工程中的复杂问题；能够根据不同需求，确定设计任务和设计目标，并能就当前的热点问题发表自己的见解。

本书汇集了多个教学案例和多年的成功教学经验，从读者使用方便和提高读者解决复杂工程问题的能力的角度出发进行编写。

本书共分为 8 章，分别详细介绍了单片机开发与仿真环境搭建、单片机 C51 语言基础、51 系列单片机及最小系统、基础外围电路与程序设计、中断与定时器、常用芯片及其通信协议、药物配送小车、电风扇控制系统的设计与实现等内容。针对不同的章节及知识点，本书还提供了科研训练案例。

第 1 章为单片机开发与仿真环境搭建。主要讲述了单片机程序设计开发工具 Keil C51、仿真工具 Proteus 8 和 STC-ISP 代码烧写软件的使用。

第 2 章为单片机 C51 语言基础。主要讲述了单片机 C51 语言基础知识。

第 3 章为 51 系列单片机及最小系统。本章主要讲述了 STC89 系列单片机的型号及引脚、STC89C52 单片机最小应用系统、STC89 系列单片机的内部结构和组成等内容。对 STC89 系列单片机的 CPU、存储器、I/O 端口、定时器/计数器和中断系统五部分进行了详细的介绍。

第 4 章为基础外围电路与程序设计。主要对 LED 发光二极管的点亮、LED 流水灯的控制、LED 点阵的取模与显示、LED 数码管的静态和动态显示、独立按键和矩阵键盘的扫描方式、脉冲宽度调制基础知识，以及呼吸灯、蜂鸣器音乐和舵机旋转的控制等案例进行了详细的讲解。

第 5 章为中断与定时器。主要讲解了 STC89C52 单片机的中断、定时器/计数器以及串口通信。

第 6 章为常用芯片及其通信协议。主要讲解了几种常见的通信协议，A/D、D/A 的基本概念和指标以及如何使用这些通信协议的芯片。

第 7 章为药物配送小车。本系统以 STC 公司的 STC89C52 单片机为主控，硬件部分包括稳压供电模块、人机交互模块、检测红线灰度传感器模块、电机 PWM 驱动模块、51 最小系统模块五部分。软件设计部分，通过按键来切换和确定病房，确定病房后进入自动寻找病房程序，且实时通过数码管将病房号显示出来，最后利用 PWM 调速控制直流减速电机的转速。

第 8 章为电风扇控制系统的设计与实现。本章以 STC89C52 单片机为核心设计了一个电风扇模拟控制系统，五个独立按键作为人机交互媒介。硬件部分包含报警电路、振荡电路、复位电路、显示电路、LED 电路以及按键电路等。软件设计包含定时器中断程序、液晶屏显示和 LED 显示程序、蜂鸣器报警程序、按键程序以及延时程序。

本书配套电子课件及案例资源包，读者可扫描封底二维码查看或下载。

本书第 1 章、第 2 章由河南工业大学孙福艳编写，第 3 章由河南工业大学陶华伟和金广锋编写，第 4 章由黑龙江科技大学李忠勤编写，第 5 章由河南工业大学吕宗旺编写，第 6 章由吕宗旺、金广锋编写，第 7 章、第 8 章由吕宗旺编写。全书由吕宗旺负责统稿。

本书在编写过程中得到了河南工业大学 6103 学生创新实验室的薛雯耀、邓运廷、胡超杰、刘培杰、刘泽宇、魏子栋等同学的大力帮助，本书的出版得到了化学工业出版社的鼎力支持，在此一并向他们表示衷心的感谢。

本书是 2021 年河南省高等教育教学改革研究与实践项目"高校大学生就业创业能力提升培养体系构建研究与实践"（项目编号：2021SJGLX1013）、2020 年国家第二批新工科研究与实践项目"地方高校新工科人才创意创新创业能力培养路径探索与实践"（项目编号：E-CXCYYR20200937）、2020 年河南省新工科研究与实践项目"地方高校新工科人才创意创新创业能力培养路径探索与实践"（项目编号：2020JGLX037）、河南省教育厅 2022 年专创融合特色示范课程（文件号：教高[2023]72 号）、2022 年度黑龙江省高等教育本科教育教学改革研究重点委托项目"新工科背景下 TMBH 新工程师人才培养模式的探索与实践"（项目编号：SJGZ20220146）等项目的阶段性成果。

限于作者知识水平，本书中难免有疏漏和不当之处，敬请广大同行和读者指正。同时也欢迎读者，尤其是采用本书的教师和学生，共同探讨相关教学内容、教学方法等问题。

编者

2023 年 4 月

Contents

目 录

第 4 章 基础外围电路与程序设计

第 5 章 中断与定时器

第 6 章 常用芯片及其通信协议

第 7 章　药物配送小车

第 8 章　电风扇控制系统的设计与实现

参考文献

第1章 单片机开发与仿真环境搭建

单片机又称 Micro Control Unit（MCU，微控制单元），是一种小而完善的微型计算机。它虽然没有计算机处理器功能强大，但是却有着便携、便宜、功耗低等优点，因此也常被用在中小型嵌入式设备中。

当今市面上的单片机有着很多种不同的架构。本书主要以 51 架构为核心，讲解基于 51 架构的两种单片机 STC89C52 和 STC15F2K60S2 的使用与仿真。

51 架构的单片机应用系统仿真开发平台有两个常用的工具软件：Keil C51 和 Proteus。前者主要用于单片机 C 语言源程序的编辑、编译、链接以及调试；后者主要用于单片机硬件电路原理图的设计以及单片机应用系统的软、硬件联合仿真调试。本章简要介绍 Keil C51、Proteus 在单片机 C 语言开发中的应用技巧，通过实例详细介绍 Keil C51 与 Proteus 的配合使用方法。

1.1 单片机程序设计开发工具 Keil C51

Keil C51 是 Keil Software 公司（现已被 ARM 收购）推出的 8051 系列单片机架构的 IDE（Integrated Development Environment，集成开发环境），它不仅支持汇编语言开发，更支持 C/C++等高级语言的编写。其具有丰富的库函数和功能强大的集成开发调试工具，全 Windows 交互界面，方便上手；可以完成工程建立和管理、编译、链接、目标代码生成、软件仿真调试等完整的开发流程。本节介绍 Keil C51 的工作界面，工程的创建、设置、调试运行等。

1.1.1 Keil C51 的工作界面简介

正确安装后，单击计算机桌面上的 Keil μVision5 运行图标，即可进入 Keil μVision5 集成开发环境。与其他常用的窗口软件一样，Keil μVision5 集成开发环境设置有菜单栏、可以快速选择命令的按钮工具栏、一些源代码文件窗口、对话窗口、信息显示窗口。Keil μVision5 允许同时打开多个源程序文件。

Keil μVision5 IDE 提供了多种命令执行方式,菜单栏提供了 11 种下拉操作菜单,如文件操作、编辑操作、工程操作、程序调试、开发工具选项、窗口选择和操作、在线帮助等；使用工具栏按钮可以快速执行 Keil μVision5 的命令；使用快捷键也可以执行 Keil μVision5 命令（如果需要，可以重新设置快捷键）。

1.1.2 工程创建

进入 Keil μVision5 集成开发环境（IDE）后，即可录入、编辑、调试、修改单片机 C 语言应用程序，具体步骤如下。

① 创建一个工程，从设备库中选择目标设备[CPU（中央处理器）类型]，设置工程选项。

② 用 C51 语言创建源程序。

③ 将源程序添加到工程管理器中。

④ 编译、链接源程序，并修改程序中的错误。

⑤ 生成可执行代码。

接下来将一步一步演示操作流程。

（1）建立工程

51 系列单片机种类繁多，不同种类的 CPU 特性不完全相同。在单片机应用项目的开发设计中，必须指定单片机的型号；指定对源程序的编译、链接参数；指定调试方式；指定列表文件的格式等。因此，在 Keil μVision5 IDE 中，使用工程的方法进行文件管理，即将源程序（C 或汇编）、头文件、说明性的技术文档等都放置在一个工程中，只能对工程而不能对单一文件进行编译、链接等操作。

启动 Keil μVision5 IDE 后，Keil μVision5 总是打开用户上一次处理的工程，要关闭它可以执行菜单命令"Project"→"Close Project"（若无，则可以省略）。建立新工程可以通过执行菜单命令"Project"→"New μVision Project"来实现，如图 1-1 所示。

图 1-1　建立新工程

此时将打开"Create New Project"对话框。

需要做的工作如下：

① 为新建的工程取一个名字，如"test"，"保存类型"选择默认值，如图 1-2 所示。

图 1-2　为新工程创建名字

② 选择新建工程存放的目录。建议为每个工程单独建立一个目录，并将工程中需要的所有文件都存放在这个目录下。

③ 在完成上述工作后，单击"保存"按钮返回。

（2）为工程选择目标设备

在工程建立完毕后，Keil μVision5 会立即打开如图 1-3 所示的"Select Device for Target′ Target 1′…"对话框。列表框中列出了 Keil μVision5 支持的以生产厂家分组的 51 系列单片机。

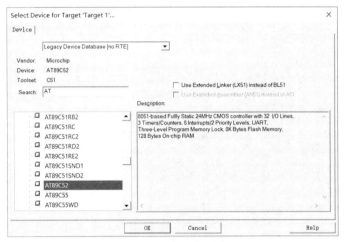

图 1-3 选择目标设备

另外，如果想在选择完目标设备后重新改变目标设备，可以执行菜单命令"Project"→"Select Device for…"，在随后出现的目标设备选择对话框中重新加以选择。由于不同厂家许多型号的单片机性能相同或相近，因此，如果所需的目标设备型号在 Keil μVision5 中找不到，可以选择其他公司生产的相近型号。

（3）建立/编辑 C 语言源程序文件

建立一个工程"Target 1"，并为工程选择好目标设备，但是这个工程中没有任何程序文件。程序文件的添加必须人工进行，如果程序文件在添加前还没有创建，必须先创建它。

① 建立程序文件。执行菜单命令"File"→"New"，打开名为"Text1"的新文件窗口，如图 1-4 所示。如果多次执行菜单命令"File"→"New"，则会依次出现"Text2""Text3"等多个新文件窗口。现在 Keil μVision5 中有了一个名为"Text1"的文件框架，还需要将其保存起来，并正式命名。

图 1-4 创建新文件   图 1-5 命名并保存新建文件

003

执行菜单命令"File"→"Save As…"（或者按下键盘 Ctrl+S 快捷键），打开如图 1-5 所示的对话框。在"文件名"文本框中输入文件的正式名称，如"test.c"。

② 录入、编辑程序文件。前面建立了一个名为"test.c"的空白 C 语言程序文件，但是此时.c文件仍然是一个空文件，里面没有任何代码，若要让其起作用，还必须写入程序代码。

Keil μVision5 与其他文本编辑器类似，同样具有输入、删除、选择、复制、粘贴等基本的文本编辑功能。

为了以后学习方便，这里给出一个程序范例。可以将其录入到"test.c"文件中，并执行菜单命令"File"→"Save"（或者 Ctrl+S 快捷键）加以保存。利用这种建立程序文件的方法，可以同样建立其他程序文件。

【例 1-1】下面程序实现的功能：依次点亮接在 P0 口上的 LED，并无限循环。

```c
#include<reg52.h>
typedef     unsigned int     uint16;//将 unsigned int 类型替换为 uint16, 编程便捷

/* 延迟函数, 可延迟 z 毫秒 */
void delay(uint16 z)
{
uint16 x,y;
for(x=z;x>0;x--)
    for(y=110;y>0;y--);
}
void main()
{
while(1)
    {
    P0=0xfe;//0xfe=0b1111 1110
    delay(1000);
    P0=0xfd;//0xfd=0b1111 1101
    delay(1000);
    P0=0xfb;//0xfb=0b1111 1011
    delay(1000);
    P0=0xf7;//0xf7=0b1111 0111
    delay(1000);
    P0=0xef;//0xef=0b1110 1111
    delay(1000);
    P0=0xdf;//0xdf=0b1101 1111
    delay(1000);
    P0=0xbf;//0xbf=0b1011 1111
    delay(1000);
    P0=0x7f;//0x7f=0b0111 1111
    delay(1000);
    }
}
```

（4）为工程添加文件

分别建立的工程"test"和C语言源程序文件"test.c"，除了存放目录一致外，它们之间还没有建立任何关系。通过以下步骤将程序文件"test.c"添加到"test"工程中。

① 提出添加文件要求。在空白工程中，右击"Source Group 1"，弹出如图1-6所示的快捷菜单。

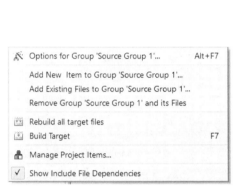

图1-6 添加工程文件快捷菜单   图1-7 选择要添加的文件

② 找到待添加的文件。在图1-6所示的快捷菜单中，选择"Add Existing Files to Group′Source Group 1′…"（向当前工程的"Source Group 1"组中添加文件），弹出如图1-7所示的对话框。

③ 添加。在图1-8所示的对话框中，Keil μVision5给出了所有符合添加条件的文件列表。这里只有"test.c"一个文件，选中它，然后单击"Add"按钮（注意，单击一次就可以了），将程序文件"test.c"添加到当前工程的"Source Group 1"组中。

另外，在Keil μVision5中，除了可以向当前工程的组中添加文件外，还可以向当前工程添加组，方法是右击图1-8中"Target 1"，在弹出的快捷菜单中选择"Manage Components"选项，然后按提示操作。

图1-8 添加文件后的工程

④ 删除已存在的文件或组。如果想删除已经加入的文件或组，在对话框中，右击该文件或组，在弹出的快捷菜单中选择"Remove File"或"Remove Group"选项，即可将文件或组从工程中删除。值得注意的是，这种删除属于逻辑删除，被删除的文件仍旧保留在磁盘上的原目录下，需要的话，还可以再将其添加到工程中。

1.1.3 工程的设置

在工程建立后，还需要对工程进行设置。工程的设置分为软件设置和硬件设置。硬件设置主要针对仿真器，在硬件仿真时使用；软件设置主要用于程序的编译、链接及仿真调试。由于本书未涉及硬件仿真器，因此这里将重点介绍工程的软件设置。

在Keil μVision5的上方工具栏中，右击工程名"Target 1"框旁的魔术棒，如图1-9所示。选择菜单上的"Options for Target′Target 1′"选项后，即打开工程设置对话框。一个工程的设置分成11个部分，每个部分又包含若干项目。与后面的学习相关的主要包括以下几个部分。

① Target：用户最终系统的工作模式设置，决定用户系统的最终框架。

② Output：工程输出文件的设置，如是否输出最终的 HEX 文件，以及格式设置。

③ Listing：列表文件的输出格式设置。

④ C51：有关 C51 编译器的一些设置。

⑤ Debug：有关仿真调试的一些设置。

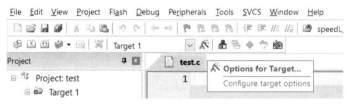

图 1-9　"Options for Target"示意图

（1）Target 设置

如图 1-10 所示，在"Target"选项卡中，从上到下主要包括以下几个部分。

① 已选择的目标设备：在建立工程时选择的目标设备型号，本例为 Microchip AT89C52，在这里不能修改。若要修改，可切换到"Device"对话框，选择"Select Device for Target 'Target 1'"选项重新选择目标设备型号。

② 晶振频率选择["Xtal（MHz）"]：晶振频率的选择主要是在软件仿真时起作用，Keil μVision5 将根据用户输入的频率来决定软件仿真时系统运行的时间和时序。可以输入和所用单片机晶振相同的频率。

③ 存储器模式选择（"Memory Model"）：有 3 种存储器模式可供选择。

"Small"：没有指定存储区域的变量默认存放在"data"区域内，通常默认选这个。

"Compact"：没有指定存储区域的变量默认存放在"pdata"区域内。

"Large"：没有指定存储区域的变量默认存放在"xdata"区域内。

④ 程序空间的选择（"Code Rom Size"）：选择用户程序空间的大小，一般为最大，也可以根据用户情况选择。

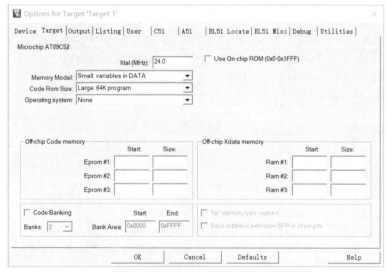

图 1-10　"Target"界面示意图

⑤ 操作系统选择（"Operating system"）：是否选用操作系统，通常 51 单片机性能并不出色，因此并不需要操作系统加持。

⑥ 外部程序空间地址定义（"Off-chip Code memory"）：如果用户使用了外部程序空间，但在物理空间上又不是连续的，则需进行该选项的设置。该选项共有 3 组起始地址和结束地址可以，Keil μVision5 在链接定位时将把程序代码存储在有效的程序空间内。该选项一般只用于外部扩展的程序，因为单片机内部的程序空间多数都是连续的。

⑦ 外部数据空间地址定义（"Off-chip Xdata memory"）：用于单片机外部非连续数据空间的定义，设置方法与⑥类似。

⑧ 程序分段选择（"Code Banking"）：是否选用程序分段，用户一般不会用到该功能。

（2）Output 设置

如图 1-11 所示，在选项设置对话框中，选择"Output"选项卡。该选项卡中常用的设置主要包括以下几项，其他选项可保持默认设置。

① 选择输出文件存放的目录（"Select Folder for Objects…"）：一般选用默认目录，即当前工程所在的目录的"Output"文件夹。

② 输入目标文件的名称（"Name of Executable"）：默认为当前工程的名称。如果需要，可以修改。

③ 选择生成可执行代码文件（"Create HEX File"）：该项必须选中。可执行代码文件是最终写入单片机的运行文件，格式为 Intel HEX，扩展名为.hex。值得注意的是，默认情况下该项未被选中。

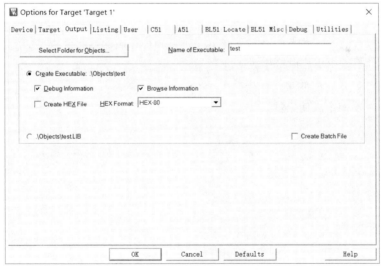

图 1-11　"Output"界面示意图

（3）Listing 设置

在图 1-12 所示"Listing"界面示意图中，源程序编译完成后将产生"*.lst"列表文件，在链接完成后将产生"*.m51"列表文件。该界面主要用于调整编译、链接后生成的列表文件的内容和形式，其中比较常用的选项是"C Compiler Listing"选项区中的"Assembly Code"复选项。选中该复选项可以在列表文件中生成 C 语言源程序所对应的汇编代码。若不需要汇编源代码，则也可以不选。

其他选项可保持默认设置。

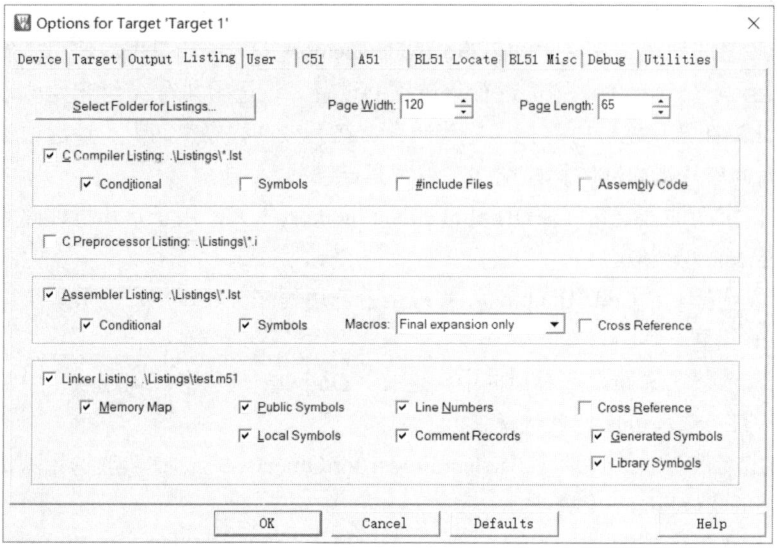

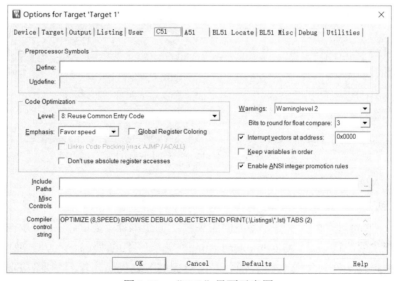

图 1-12 "Listing"界面示意图

（4）C51 设置

如图 1-13 所示，对 C51 的设置主要包括以下三项。

① 代码优化等级（Code Optimization|Level）：C51 在处理用户的 C 语言程序时能自动对源程序做出优化，以便减少编译后的代码量或提高运行速度。C51 编译器提供了 0～9 共 10 级选择，默认使用第 8 级。

② 优化侧重（Code Optimization|Emphasis）：用户优化的侧重有以下 3 种选择：

"Favor speed"：优化时侧重优化速度。

"Favor size"：优化时侧重优化代码大小。

"Default"：不规定，使用默认优化。

图 1-13 "C51"界面示意图

③ 头文件（Include Paths）：添加默认头文件搜索路径，若编写的 C 语言文件中包含除了 C51 默认的库和头文件以外的其他头文件，则可以使用该项添加所需要包含的头文件路径。

（5）Debug 设置

如图 1-14 所示，"Debug"设置界面分成两部分：软件仿真设置（左边）和硬件仿真设置（右边）。软件仿真和硬件仿真的设置基本一样，只是硬件仿真设置增加了仿真器参数设置。在此只需选中软件仿真"Use Simulator"单选项，其他选项保持默认设置。

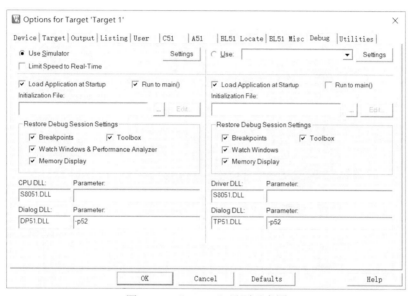

图 1-14 "Debug"界面示意图

硬件仿真是利用一些特殊的调试器，实现现实中单片机逐步运行代码的效果。

所谓软件仿真，是指使用计算机来模拟程序的运行，用户不需要建立硬件平台，就可以快速地得到某些运行结果。但是在仿真某些依赖于硬件的程序时，软件仿真则无法实现，为此将在 1.2 节介绍单片机硬件仿真开发工具 Proteus 8。

1.1.4 工程的调试运行

在 Keil μVision5 IDE 中，源程序编写完毕后还需要编译和链接才能够进行软件和硬件仿真。在程序的编译/链接中，如果用户程序出现错误，则需要修正错误后重新编译/链接。

（1）程序的编译/链接

在图 1-15 所示界面中单击工具按钮或执行菜单命令"Project"→"Rebuild all target files"，或者单击工具栏的 工具（两个功能相似），即可完成对 C 语言源程序的编译/链接，并在图 1-15 所示界面下方的信息输出窗口（"Build Output"）中给出操作信息。如果源程序和工程设置都没有错误，编译、链接就能顺利完成。

（2）程序的排错

如果源程序有错误，C51 编译器会在信息输出窗口"Build Output"中给出错误所在的行、错误代码以及错误的原因。例如，将"test.c"中第 15 行的"P0"改成"p0"，再重新编译、链接，结果如图 1-16 所示。

C:\Users\11091\Desktop\课设仿真\单片机\1test\test.uvproj - µVision
File Edit View Project Flash Debug Peripherals Tools SVCS Window Help
Target 1
Project
Project: test
Target 1
Source Group 1
STARTUP.A51
test.c
test.c
#include<reg52.h>
typedef unsigned int uint16; //将unsigned int类型替换为uint16，编程便捷
/* 延迟函数，可延迟z毫秒 */
void delay(uint16 z)
{
uint16 x,y;
for(x=z;x>0;x--)
for(y=110;y>0;y--);
}
void main()
{
while(1)
{
P0=0xfe; //0xfe = 0b1111_1110
delay(1000);
P0=0xfd; //0xfd = 0b1111_1101
delay(1000);
P0=0xfb; //0xfb = 0b1111_1011
delay(1000);
P0=0xf7; //0xf7 = 0b1111_0111
delay(1000);
P0=0xef; //0xef = 0b1110_1111
delay(1000);
Build Output
Build started: Project: test
Build target 'Target 1'
linking...
Program Size: data=9.0 xdata=0 code=99
".\Objects\test" - 0 Error(s), 0 Warning(s).
Build Time Elapsed: 00:00:00
Simulation

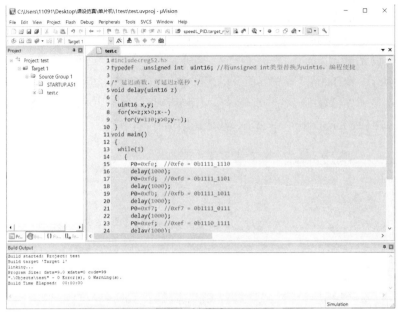

图 1-15　编译/链接

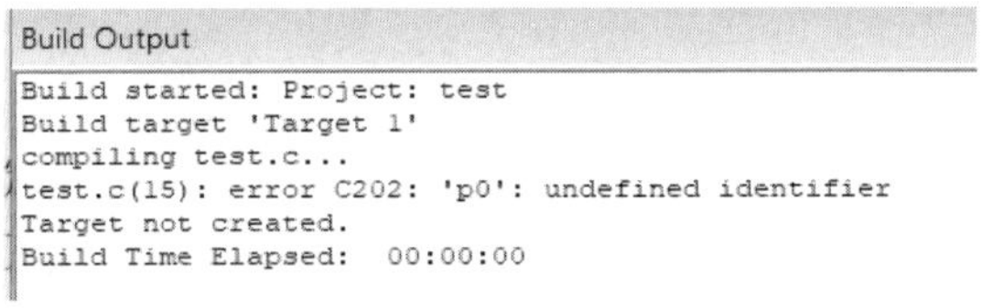

Build Output
Build started: Project: test
Build target 'Target 1'
compiling test.c...
test.c(15): error C202: 'p0': undefined identifier
Target not created.
Build Time Elapsed: 00:00:00

图 1-16　程序有错误时编译/链接的结果

输出信息显示在文件“test.c”的第 15 行出现“C202”类型的错误：“p0”没有定义。Keil µVision5 中有错误定位功能，在信息输出窗口用鼠标双击错误提示行，“test.c”文件中的错误所在行的左侧会出现一个箭头标记，以便于用户纠错。

经过纠错后，要对源程序重新进行编译和链接，直到编译、链接成功为止。

（3）运行程序

编译、链接成功后，单击“启动/停止调试模式”工具按钮，便进入软件仿真调试运行模式，如图 1-17 所示。图中上部为调试工具条（Debug Toolbar），下部为范例程序 test.c，箭头为汇编程序运行位置光标，双三角形为当前 C 语言运行位置，指向当前等待运行的程序行。

在 Keil µVision5 中，有 4 种程序运行方式：单步跟踪（Step Into）、单步运行（Step Over）、运行到光标处（Run to Cursor line）、全速运行（Go）。

① 单步跟踪。单步跟踪的功能是尽最大的可能跟踪当前程序的最小运行单位，可以使用 F11 快捷键来启动。在 C 语言调试环境下最小的运行单位是一条 C 语句，因此单步跟踪每次最少要运行一条 C 语句。在图 1-17 所示的状态下，每按一次 F11 快捷键，箭头就会向下移动一行，包括被调用函数内部的程序行。

② 单步运行。单步运行的功能是尽最大的可能执行完当前的程序行，可以使用 F10 快捷键来启动。与单步跟踪相同的是单步运行每次至少也要运行一条 C 语句；与单步跟踪不同的是单步运行不会跟踪到被调用函数的内部，而是把被调用函数作为一条 C 语句来执行。在图 1-17 所示的状态下，每按一次 F10 快捷键，箭头就会向下移动一行，但不包括被调用函数内部的程序行。

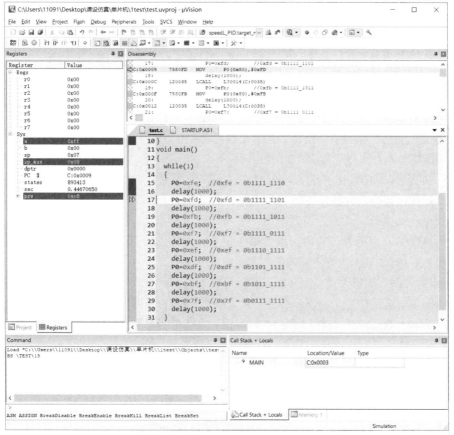

图 1-17 源程序的软件仿真调试运行

③ 运行到光标处 ⑴。在图 1-17 所示的状态下，程序指针指在程序行

P0=0xfd; //①

如果想程序一次运行到程序行

P0=0x7f ; //②

则可以单击程序行，当闪烁光标停留在该行后，右击该行，弹出
如图 1-18 所示的快捷菜单，选择"Run to Cursor line"选项。运行
停止后，发现程序运行光标已经停留在程序行②的左侧。

④ 全速运行 ⑴。在软件仿真调试运行模式下，有 3 种方法可
以启动全速运行。

a. 按 F5 快捷键。

b. 单击图标 ⑤。

c. 执行菜单命令"Debug"→"Go"。

当 Keil μVision5 处于全速运行期间，Keil μVision5 不允许查
看任何资源，也不接收其他命令。

如果用户想终止程序的运行，可以用以下两种方法。

a. 执行菜单命令"Debug"→"Stop Running"。

b. 再次单击 ⑤▪ 图标。

图 1-18 快捷菜单

011

（4）程序复位

在 C 语言源程序仿真运行期间，如果想重新从头开始运行，则可以对源程序进行复位。程序的复位主要有以下两种方法。

① 单击 🔁 图标。

② 执行菜单命令"Peripherals"→"Reset CPU"。

（5）断点操作

当需要程序全速运行到某个程序位置停止时，可以使用断点。断点操作与运行到光标处的作用类似，其区别是断点可以设置多个，而光标只有一个。

① 断点的设置/取消。在 Keil μVision5 的 C 语言源程序窗口中，可以在任何有效位置设置断点，断点的设置/取消操作也非常简单。如果想在某一行设置断点，单击该行行号前一栏，产生红色的断点标志。取消断点的操作相同，如果该行已经设置为断点行，双击该行将取消断点，如图 1-19 所示。

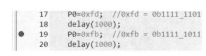

图 1-19　断点演示图

② 断点的管理。如果设置了很多断点，就可能存在断点管理的问题。例如，通过逐个取消全部断点来使程序全速运行是非常烦琐的，为此，Keil μVision5 提供了断点管理器。执行菜单命令"Debug"→"Breakpoints"，然后单击"Kill All"（取消所有断点）按钮可以一次取消所有已经设置的断点。

（6）退出软件仿真模式

如果想退出 Keil μVision5 的软件仿真环境，可以使用下列方法。

① 单击 🔍 图标。

② 执行菜单命令"Debug"→"Start/Stop Debug Session"。

1.1.5　存储空间资源的查看和修改

在 Keil μVision5 的软件仿真环境中，标准 80C51 单片机的所有有效存储空间资源都可以查看和修改。Keil μVision5 把存储空间资源分成以下 4 种类型加以管理。

（1）内部可直接寻址 RAM（类型 data，简称 d）

在标准 80C51 单片机中，可直接寻址空间为 0x00～0x7f 范围内的 RAM 和 0x80～0xff 范围内的 SFR（特殊功能寄存器）。在 Keil μVision5 中把它们组合成空间连续的、可直接寻址的 data 存储空间。data 存储空间可以使用存储器对话框（Memory）进行查看和修改。

（2）内部可间接寻址 RAM（类型 idata，简称 i）

在标准 80C51 单片机中，可间接寻址空间为 0～0xff 范围内的 RAM。其中，地址范围 0x00～0x7f 内的 RAM 和地址范围 0x80～0xff 内的 SFR 既可以间接寻址，也可以直接寻址；地址范围 0x80～0xff 内的 RAM 只能间接寻址。在 Keil μVision5 中把它们组合成空间连续的、可间接寻址的 idata 存储空间。

使用存储器对话框同样可以查看和修改 idata 存储空间，操作方法与 data 存储空间基本相同，只是在"存储器地址输入栏 Address"输入的存储空间类型要变为"i"。例如，要显示、修改起始地址为 0x76 的 idata 数据，只需在"存储器地址输入栏 Address"内输入"i：0x76"。

（3）外部数据空间 XRAM（类型 xdata，简称 x）

在标准 80C51 单片机中，外部可间接寻址 64KB 地址范围的数据存储器，在 Keil μVision5 中把它们组合成空间连续的、可间接寻址的 xdata 存储空间。使用存储器对话框查看和修改 xdata 存储空间的操作方法与 idata 存储空间基本相同，只是在"存储器地址输入栏 Address"内输入的存储空间类型要变为"x"。

（4）程序空间 code（类型 code，简称 c）

在标准 80C51 单片机中，程序空间有 64KB 的地址范围。程序存储器的数据按用途可分为程序代码（用于程序执行）和程序数据（程序使用的固定参数）。使用存储器对话框查看和修改 code 存储空间的操作方法与 idata 存储空间基本相同，只是在"存储器地址输入栏 Address"内输入的存储空间类型要变为"c"。

1.1.6 变量的查看和修改

在图 1-9 所示的状态下，执行菜单命令"View"→"Watch Windows"→"Watch 1"可以打开"观察"对话框，如图 1-20 所示，如果对话框已经打开，则会关闭该对话框。其中，"Name"栏用于输入变量的名称，"Value"栏用于显示变量的数值，输入所要查看的变量，即可显示程序中运行变量的数据类型和数据大小。

图 1-20 "观察"对话框

在"观察"对话框底部有 3 类标签，其作用如下所述。

① 观察内存对话框"Memory 1"，根据输入地址观察对应地址内的数据。

② 变量观察对话框"Watch 1""Watch 2"，可以根据分类把全局变量添加到 Watch 1 或 Watch 2 观察对话框中。

③ 堆栈观察对话框"Call Stack+Locals"，可用来观察函数中的变量。

（1）变量名称的输入

单击准备添加行（选择该行）的"Name"栏，然后按 F2 键，出现文本输入栏后输入变量的名称，确认正确后按 Enter 键。输入的变量名称必须是文件中已经定义的。

（2）变量数值的显示

在"Value"栏，除了显示变量的数值外，用户还可以修改变量的数值，方法是：单击该行的"Value"栏，然后按 F2 键，出现文本输入栏后输入修改的数据，确认正确后按 Enter 键。

1.2 单片机电路设计与仿真工具 Proteus 8

Proteus 是英国 Lab Center Electronics 公司推出的用于仿真单片机及其外围设备的 EDA（电子设计自动化）工具软件。Proteus 与 Keil C51 配合使用，可以在不需要硬件投入的情况下，完成单片机 C 语言应用系统的仿真开发，从而缩短实际系统的研发周期，降低开发成本。

Proteus 具有高级原理布图（Proteus）、混合模式仿真（ProSPICE）、PCB（印制电路板）设计以及自动布线（ARES）等功能。Proteus 的虚拟仿真技术（VSM）第一次真正实现了在物理原型出来之前对单片机应用系统进行设计开发和测试。

下面以 Proteus 8 Professional 为例，简要介绍 Proteus 8 的使用方法。

1.2.1　Proteus 8 的用户界面

启动 Proteus 8 后，可以看到 Proteus 8 用户界面，如图 1-21 所示，与其他常用的窗口软件一样，Proteus 8 设置有菜单栏、可以快速执行命令的按钮工具栏和各种各样的窗口（如原理图编辑窗口、原理图预览窗口、对象选择窗口等）。

选择菜单栏"File"→"New project"创建新工程。

图 1-21　Proteus 8 用户界面

（1）主菜单与主工具栏

Proteus 8 提供的主菜单与主工具栏如图 1-22 所示。在图 1-22（a）所示的主菜单中，从左到右依次是 File（文件）、Edit（编辑）、View（视图）、Tool（工具）、Design（设计）、Graph（图形）、Debug（调试）、Library（库）、Template（模板）、System（系统）和 Help（帮助）。

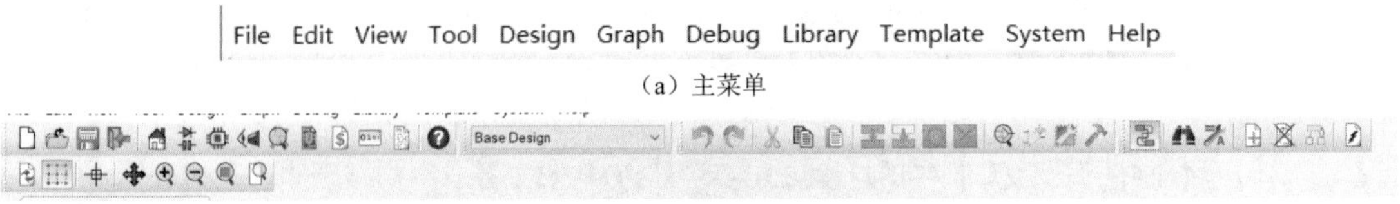

File　Edit　View　Tool　Design　Graph　Debug　Library　Template　System　Help

（a）主菜单

（b）主工具栏

图 1-22　Proteus 8 的主菜单与主工具栏

利用主菜单中的命令可以实现 Proteus 的所有功能。图 1-22（b） 所示的主工具栏由 4 个部分组成：File Toolbar（文件工具栏）、View Toolbar（视图工具栏）、Edit Toolbar（编辑工具栏）和

Design Toolbar（调试工具栏）。通过执行菜单命令"View"→"Toolbars..."可以打开或关闭上述 4 个主要工具栏。

（2）Mode 工具箱

除了主菜单和主工具栏外，Proteus 8 在用户界面的左侧还提供了一个非常实用的 Mode 工具箱，如图 1-23 所示。正确、熟练地使用它，对单片机应用系统电路原理图的绘制及仿真调试非常重要。

图 1-23 Mode 工具箱

（3）方向工具栏

对于具有方向性的对象，Proteus 8 还提供了方向工具栏，如图 1-24 所示。

（4）仿真运行工具栏

为方便用户对设计对象进行仿真运行，Proteus 8 还提供了如图 1-25 所示的仿真运行工具栏，从左到右分别是：Play 按钮（运行）、Step 按钮（单步运行）、Pause 按钮（暂停运行）、Stop 按钮（停止运行）。

图 1-24 方向工具栏  图 1-25 仿真运行工具栏

1.2.2 设置 Proteus 8 工作环境

Proteus 8 的工作环境设置包括编辑环境设置和系统环境设置两个方面。编辑环境设置主要是指模板的选择、图纸的选择、图纸的设置和格点的设置。系统环境设置主要是指 BOM（Bill of Materials，物料清单）格式的选择、仿真运行环境的选择、各种文件路径的选择、键盘快捷方式的设置等。

（1）编辑环境设置

绘制电路原理图时首先要选择模板，电路原理图的外观信息受模板的控制，如图形格式、文本格式、颜色设计、线条连接点大小和图形等。Proteus 8 提供了一些常用的电路原理图模板，用户也可以自定义电路原理图模板。

当执行菜单命令"File"→"New Design..."新建一个设计文件时，会打开模板设置对话框，从中可以选择合适的模板（通常选择"DEFAULT"模板）。

选择好电路原理图模板后，可以通过"Template"菜单的 6 个"Set"命令对其风格进行设置。

① 设置模板的默认选项。执行菜单命令"Template"→"Set Design Defaults..."，打开设置模板的默认选项对话框。通过该对话框，可以设置模板的纸张、格点等项目的颜色，设置电路仿真时正、负、地、逻辑高/低等项目的颜色，设置隐藏对象的显示与否及颜色，还可以设置编辑环境的默认字体等。

② 配置图形颜色。执行菜单命令"Template"→"Set Graph Colours..."，打开配置图形颜色对话框。通过该对话框，可以配置模板的图形轮廓线（Graph Outline）、底色（Background）、图形标题（Graph Title）、图形文本（Graph Text）等，同时也可以对模拟跟踪曲线（Analogue Traces）和不同类型的数字跟踪曲线（Digital Traces）进行设置。

③ 编辑图形风格。执行菜单命令"Template"→"Set Graphics Styles…"，打开编辑图形风格对话框。通过该对话框，可以编辑图形的风格，如线型、线宽、线的颜色及图形的填充色等。在"Style"下拉列表框中可以选择不同的系统图形风格。

单击"New"按钮可以创建新的图形风格。在"New style's name"文本框中输入新图形风格的名称，如"mystyle"，单击"OK"按钮确定，将打开编辑图形风格对话框。在该对话框中，可以自定义图形的风格，如颜色、线型等。

④ 设置全局字体风格。执行菜单命令"Template"→"Set Text Styles…"，打开设置全局字体风格对话框。通过该对话框，可以在"Font face"下拉列表框中选择期望的字体，还可以设置字体的高度、颜色及是否加粗、倾斜、加下划线等。在"Sample"区域可以预览更改设置后字体的风格。同理，单击"New"按钮可以创建新的全局字体风格。

⑤ 设置图形字体格式。执行菜单命令"Template"→"Set Graphics Text…"，打开设置图形字体格式对话框。通过该对话框，可以在"Font face"下拉列表框中选择图形文本的字体类型，在"Text Justification"选项区域可以选择字体在文本框中的水平位置、垂直位置，在"Effects"选项区域可以选择字体的效果，如加粗、倾斜、加下划线等，而在"Character Sizes"选项区域可以设置字体的高度和宽度。

⑥ 设置交点。执行菜单命令"Template"→"Set Junction Dots…"，打开设置交点对话框。通过该对话框，可以设置交点的大小、形状。

（2）系统环境设置

通过 Proteus 8 的"System"菜单栏，可以对 Proteus 8 进行系统环境设置。

① 设置 BOM（Bill of Materials）。执行菜单命令"System"→"Set BOM Scripts…"，打开设置 BOM 对话框。通过该对话框，可以设置 BOM 的输出格式。

BOM 用于列出当前设计中所使用的所有元器件。Proteus 8 可生成 4 种格式的 BOM：HTML格式、ASCII 格式、Compact CSV 格式和 Full CSV 格式。在 Bill of Materials "Output Format"下拉列表框中，可以对它们进行选择。

另外，执行菜单命令"Tool"→"Bill of Materials"，也可以对 BOM 的输出格式进行快速选择。

② 设置系统环境。执行菜单命令"System"→"Set Environment…"，打开设置系统环境对话框。通过该对话框，可以对系统环境进行设置。

• "Autosave Time（minutes）"：系统自动保存时间设置（单位为 min）。
• "Number of Undo Levels"：可撤销操作的层数设置。
• "Tooltip Delay（milliseconds）"：工具提示延时（单位为 ms）。
• "Auto Synchronise/Save with ARES"：是否自动同步/保存 ARES。
• "Save/load 8 state in design files"：是否在设计文档中加载/保存 Proteus 8 状态。

③ 设置路径。执行菜单命令"System"→"Set Path…"，打开设置路径对话框。通过该对话框，可以对所涉及的文件路径进行设置。

• "Initial folder is taken from Windows"：从窗口中选择初始文件夹。
• "Initial folder is always the same one that was used last"：初始文件夹为最后一次所使用的文件夹。
• "Initial folder is always the following"：初始文件夹路径为下面文本框中输入的路径。
• "Template folders"：模板文件夹路径。

- "Library folders"：库文件夹路径。
- "Simulation Model and Module Folders"：仿真模型及模块文件夹路径。
- "Path to folder for simulation results"：存放仿真结果的文件夹路径。
- "Limit maximum disk space used for simulation result（Kilobytes）"：仿真结果占用的最大存储空间（KB）。

④ 设置图纸尺寸。执行菜单命令"System"→"Set Sheet Sizes..."，打开设置图纸尺寸对话框。通过该对话框，可以选择 Proteus 8 提供的图纸尺寸 A0～A4，也可以选择用户自己定义的图纸尺寸。

⑤ 设置文本编辑器。执行菜单命令"System"→"Set Text Editor..."，打开设置文本编辑器对话框。通过该对话框，可以对文本的字体、字形、大小、效果和颜色等进行设置。

⑥ 设置键盘快捷方式。执行菜单命令"System"→"Set Keyboard Mapping..."，打开设置键盘快捷方式对话框。通过该对话框，可以修改系统所定义的菜单命令的快捷方式。

在"Command Groups"下拉列表框中选择相应的选项，在"Available Commands"列表框中选择可用的命令，在该列表框下方的说明栏中显示所选中命令的意义，在"Key sequence for selected command"文本框中显示所选中命令的键盘快捷方式。使用"Assign"和"Unassign"按钮可编辑或删除系统设置的快捷方式。

在"Options"下拉列表框中有 3 个选项。选择"Reset to default map"选项可恢复系统的默认设置，选择"Export to file"选项可将上述键盘快捷方式导出到文件中，选择"Import from file"选项则为从文件导入上述键盘快捷方式。

⑦ 设置仿真画面。执行菜单命令"System"→"Set Animation Options..."，打开设置仿真画面对话框。通过该对话框，可以设置仿真速度（Simulation Speed）、电压/电流的范围（Voltage/Current Ranges），同时还可以设置仿真电路的其他画面选项（Animation Options）。

- "Show Voltage&Current on Probe"：是否在探测点显示电压值与电流值。
- "Show Logic State of Pins"：是否显示引脚的逻辑状态。
- "Show Wire Voltage by Colour"：是否用不同颜色表示线的电压。
- "Show Wire Current with Arrows"：是否用箭头表示线的电流方向。

此外，单击"SPICE Options"按钮或执行菜单命令"System"→"Set Simulator Options..."，打开对话框。在该对话框中，还可以通过选择不同的选项卡来进一步对仿真电路进行设置。

1.2.3 电路原理图的设计与编辑

在 Proteus 8 中，电路原理图的设计与编辑非常方便，具体流程如图 1-26 所示。本节将通过一个实例介绍电路原理图的绘制、编辑修改的基本方法，更深层或更复杂的方法，读者可以参阅有关的专业书籍。

（1）新建设计文件

执行菜单命令"File"→"New Design..."，在打开的"Create New Design"对话框中选择"DEFAULT"模板，单击"OK"按钮后，即进入 Proteus 8 用户界面。此时，对象选择窗口、电路原理图编辑窗口、电路原理图预览窗口均是空白的。单击主工具栏中的"保存"按钮，在打开的"Save 8 Design File"对话框中，可以选择新建设计文件的保存目录，输入新建设计文件的名称，

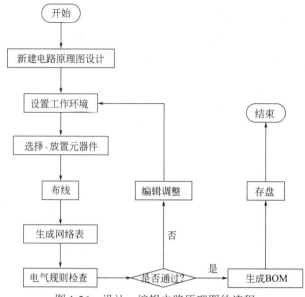

图 1-26　设计、编辑电路原理图的流程

如"MyDesign"，保存类型采用默认值。完成上述工作后，单击"保存"按钮，开始电路原理图的绘制工作。

（2）对象的选择与放置

图 1-27 所示的电路原理图中的对象按属性可分为两大类：元器件（Component）和终端（Terminals）。下面简要介绍这两类对象的选择和放置方法。

【例 1-2】用 Proteus 8 绘制如图 1-27 所示的电路原理图。该电路采用的单片机是 STC89C52。单片机的 P0 口控制 8 个 LED（发光二极管）循环发光。

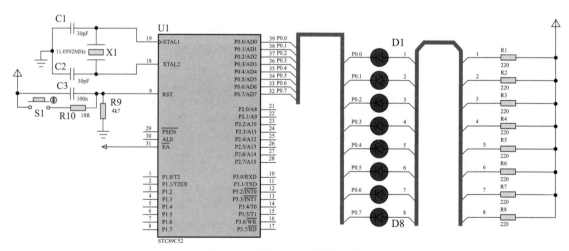

图 1-27　例 1-2 的电路原理图

Proteus 8 的元器件库提供了大量元器件的原理图符号，在绘制电路原理图之前，必须知道每个元器件的所属类及所属子类，然后利用 Proteus 8 提供的搜索功能可以方便地查找到所需元器件。在 Proteus 8 中元器件的所属类共有 40 多种，表 1-1 给出了涉及的部分元器件的所属类。

表 1-1 元器件名称对照表

所属类名称	对应的中文名称	说明
Analog IC	模拟电路集成芯片	电源调节器、定时器、运算放大器等
Capacitors	电容器	
CMOS 4000 Series	4000 系列数字电路	
Connectors	排座、排插	
Data Converters	模/数、数/模转换集成电路	
Diodes	二极管	
Electromechanical	机电器件	风扇、各类电动机等
Inductors	电感器	
Memory IC	存储器	
Microprocessor IC	微控制器	51 系列单片机、ARM7 等
Miscellaneous	各种器件	电池、晶振、熔丝等
Optoelectronics	光电器件	LED、LCD（液晶显示屏）、数码管、光电耦合器等
Resistors	电阻	
Speakers & Sounders	扬声器	
Switches & Relays	开关与继电器	键盘、开关、继电器等
Switching Devices	晶闸管	单向、双向晶闸管等
Transducers	传感器	压力传感器、温度传感器等
Transistors	晶体管	三极管、场效应管等
TTL 74 Series	74 系列数字电路	
TTL 74LS Series	74 系列低功耗数字电路	

单击对象选择窗口左上角的按钮 P 或执行菜单命令"Library"→"Pick Device/Symbol…"，都会打开"Pick Devices"对话框。从结构上看，该对话框共分成 3 列，左侧为查找条件，中间为查找结果，右侧为电路原理图、PCB 图预览。

"Keywords"文本输入框：在此可以输入待查找的元器件的全称或关键字，其下面的"Match Whole Words"选项表示是否全字匹配。在不知道待查找元器件的所属类时，可以采用此法进行搜索。

"Category"窗口：在此给出了 Proteus 8 中元器件的所属类。

"Sub-category"窗口：在此给出了 Proteus 8 中元器件的所属子类。

"Manufacturer"窗口：在此给出了元器件的生产厂家分类。

"Results"窗口：在此给出了符合要求的元器件的名称、所属库以及描述。

"PCB Preview"窗口：在此给出了所选元器件的电路原理图预览、PCB 预览及其封装类型。

单击 Mode 工具箱中的终端按钮 ，Proteus 8 会在对象选择窗口中给出所有可供选择的终端类型。其中，"DEFAULT"为默认终端，"INPUT"为输入终端，"OUTPUT"为输出终端，"BIDIR"为双向（或输入/输出）终端，"POWER"为电源终端，"GROUND"为地终端，"BUS"为总线终端。

终端的预览、放置方法与元器件类似。Mode 工具箱中其他按钮的操作方法与终端按钮类似，在此不再赘述。

（3）对象的编辑

在放置好绘制电路原理图所需的所有对象后，可以编辑对象的图形或文本属性。下面以 LED

元器件 D1 为例，简要介绍对象的编辑步骤。

① 选中对象。将鼠标指向对象 D1，鼠标指针由空心箭头变成手形后，单击即可选中对象 D1。此时，对象 D1 高亮显示，鼠标指针为带有十字箭头的手形。

② 移动、编辑、删除对象。选中对象 D1 后，右击弹出快捷菜单。通过该快捷菜单可以移动、编辑、删除对象 D1。

a. "Drag Object"：移动对象。选择该选项后，对象 D1 会随着鼠标一起移动，确定位置后，单击即可停止移动。

b. "Edit Properties"：编辑对象。选择该选项后，打开 "Edit Component" 对话框。在选中对象 D1 后，单击也会弹出这个对话框。

"Component Reference" 文本框：显示默认的元器件在电路原理图中的参考标识，该标识是可以修改的。

"Component Value" 文本框：显示默认的元器件在电路原理图中的参考值，该值是可以修改的。

"Hidden" 选择框：是否在电路原理图中显示对象的参考标识、参考值。

"Other Properties" 文本框：用于输入所选对象的其他属性。输入的内容将在 "<TEXT>" 位置显示。

c. "Delete Object"：删除对象。在快捷菜单中，还可以改变对象 D1 的放置方向。其中，"Rotate Clockwise" 表示顺时针旋转 90°；"Rotate Anti-Clockwise" 表示逆时针旋转 90°；"Rotate 180 degrees" 表示旋转 180°；"X-Mirror" 表示 X 轴镜像；"Y-Mirror" 表示 Y 轴镜像。

（4）布线

完成上述步骤后，可以开始在对象之间布线。按照连接的方式，布线可分为 4 种：两个对象之间的普通连接，使用输入、输出终端的无线连接，多个对象之间的总线连接，单线与总线的连接。

① 普通连接。在两个对象之间进行布线的步骤如下。

在一个对象的连接点处单击。

拖动鼠标到另一个对象的连接点处单击。在拖动鼠标的过程中，可以在希望拐弯的地方单击，也可以右击放弃此次布线。

按照上述步骤，分别将 C1、C2、X1 及 GROUND 连接后，复位线连接到单片机复位引脚，如图 1-27 所示。

② 无线连接。在绘制电路原理图时，为了整体布局的合理、简洁，可以使用输入、输出终端进行无线连接，如时钟电路与 STC89C52 之间的连接。无线连接的步骤如下。

在一个连接点处连接一个输入终端。

在另一个连接点处连接一个输出终端。

利用对象的编辑方法对上面两个终端进行标识，两个终端的标识（Label）必须一致。按照上述步骤，将 X1 的两端分别与 STC89C52 的 XTAL1、XTAL2 引脚连接后的电路如图 1-28 所示。

③ 总线连接。总线连接的步骤如下。

a. 放置总线。单击 Mode 工具箱中的 "BUS" 按钮（╫），在期望总线起始端（一条已存在的总线或空白处）处单击；在期望总线路径的拐点处单击；若总线的终端为一条已存在的总线，则在总线的终端处右击，可结束总线放置，若总线的终端为空白处，则先单击，后右击结束总线的放置。

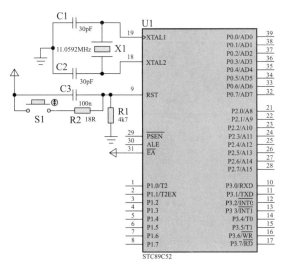

图 1-28　单片机最小系统电路图

b. 放置或编辑总线标签。单击 Mode 工具箱中的"Wire Label"按钮，在期望放置标签的位置处单击，打开"Edit Wire Label"对话框。在"Label"选项卡的"String"文本框中输入相应的文本，如 P1［0..7］或 A［8..15］等。如果忽略指定范围，系统将以 0 为底数，将连接到其总线的范围设置为默认范围。单击"OK"按钮，结束文本的输入。

在总线标签上右击，弹出快捷菜单，在这里可以移动线或总线（Drag Wire），可以编辑线或总线的风格（Edit Wire Style），可以删除线或总线（Delete Wire），也可以放置线或总线标签（Place Wire Label）。

④ 单线与总线的连接。由对象连接点引出的单线与总线的连接方法与普通连接类似。在建立连接之后，必须对进出总线的同一信号的单线进行同名标注，以保证信号连接的有效性。

单击 Mode 工具箱中的"Text Script"按钮（▦），在希望放置文字描述的位置处单击，打开"Edit Script Block"对话框。

在"Script"选项卡的"Text"文本框中可以输入相应的描述文字，如时钟电路等。描述文字的放置方位可以采用默认值，也可以通过对话框中的"Rotation"选项和"Justification"选项进行调整。

通过"Style"选项卡，还可以对文字描述的风格做进一步的设置。

（5）电气规则检查

电路原理图绘制完毕后，必须进行电气规则检查（ERC）。执行菜单命令"Tool"→"Electrical Rule Check…"，打开电气规则检查报告单窗口。

在该报告单中，系统提示网络表（Netlist）已生成，并且无 ERC 错误，即用户可执行下一步操作。

所谓网络表，是对一个设计中有电气性连接的对象引脚的描述。在 Proteus 8 中，彼此互连的一组元件引脚称为一个网络（Net）。执行菜单命令"Tool"→"Netlist Compiler…"，可以设置网络表的输出形式、模式、范围、深度及格式等。

如果电路设计存在 ERC 错误，必须排除，否则不能进行仿真。

将设计好的电路原理图文件存盘。同时，可以使用"Tool"→"Bill of Materials"菜单命令输出 BOM 文档。至此，一个简单的电路原理图就设计完成了。

1.2.4　Proteus 8 与 Keil C51 的联合使用

Proteus 8 与 Keil C51 的联合使用可以实现单片机应用系统的软、硬件调试，其中 Keil C51 作为软件调试工具，Proteus 8 作为硬件仿真和调试工具。下面介绍如何在 Proteus 8 中调用 Keil C51 生成的应用（HEX 文件）进行单片机应用系统的仿真调试。

（1）准备工作

首先，在 Keil C51 中完成 C51 应用程序的编译、链接，并生成单片机可执行的 HEX 文件；然后，在 Proteus 8 中绘制电路原理图，并通过电气规则检查。

（2）装入 HEX 文件

做好准备工作后，只有把 HEX 文件装入单片机中，才能进行整个系统的软、硬件联合仿真调试。在 Proteus 8 中，双击电路原理图中的单片机 STC89C52，打开对话框。

单击"Program File"域的按钮，在打开的"Select File Name"对话框中，选择好要装入的 HEX 文件后单击"打开"按钮，此时在"Program File"域的文本框中显示 HEX 文件的名称及存放路径。单击"OK"按钮，即完成 HEX 文件的装入过程。

（3）仿真调试

装入 HEX 文件后，单击仿真运行工具栏中的"运行"按钮，在 Proteus 8 的编辑窗口中可以看到单片机应用系统的仿真运行效果。其中，红色方块代表高电平，蓝色方块代表低电平。

如果发现仿真运行效果不符合设计要求，应该单击仿真运行工具栏中的■按钮停止运行，然后从软件、硬件两个方面分析原因。完成软件、硬件修改后，按照上述步骤重新开始仿真调试，直到仿真运行效果符合设计要求为止。

【例1-3】 电路原理图如图 1-29 所示，单片机采用 STC89C52，除了基本的时钟电路、复位电路外，仅在 P0 口连接了 4 位 7 段共阳极红色数码管。实现功能：仿真四位数码管动态显示 0～3。

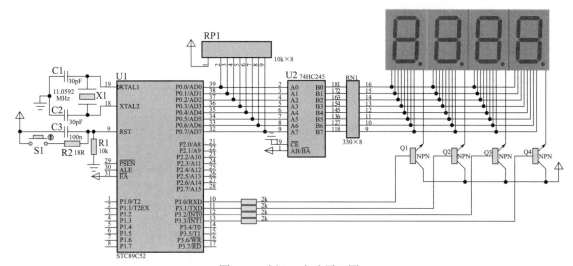

图 1-29　例 1-3 电路原理图

（1）绘制电路原理图

在 Proteus 8 中绘制如图 1-29 所示的电路原理图，通过电气规则检查（执行菜单命令"Tool"→"Electrical Rule Check…"，在"Electrical Rule Check"窗口的最后一行显示"No ERC errors found."）后，以文件名"L1-3"存盘。

（2）编写源程序

按照原理要求编写 C51 源程序，以文件名"L1-3.c"存盘。参考程序如下。

```
/*******************************************************
            实验名称: 仿真数码管
            实验现象: 数码管动态显示 0～3
*******************************************************/
/*
*4位数码管循环显示 0~3*
*/
#include<reg52.h>
typedef unsigned char uint8;
typedef unsigned int uint16;

code uint8 LED CODE[]={0xc0,0xf9,0xa4,0xb0};

void delay(uint16 x)
{
    uint16 i,j;
    for(i=x;i>0;i --)
        for(j=114;j > 0;j --);
}

void main()
{
    uint8 i;
    while(1)
    {
        for(i=0;i<4;i ++)
        {
            P3=0x01<<i;
            P0=LED CODE[i];
            delay(500);
        }
    }
}
```

（3）生成 HEX 文件

在 Keil μVision5 中创建名为"ShiXun1"的工程，将"L1-3.c"添加到该工程，编译、链接，生成"L1-3.hex"文件。

（4）仿真运行

在 Proteus 8 中，打开设计文件"L1-3"，将"L1-3.hex"装入单片机中（双击 STC89C52，选择路径，找到"L1-3.hex"文件），启动仿真，观察系统运行效果是否符合设计要求。

1.3 STC-ISP 代码烧写软件

STC-ISP 是一款由 STC 研发的单片机程序下载烧录软件，是针对 STC 系列单片机而设计的，可下载 STC89 系列、STC12 系列和 STC15 系列等 STC 单片机程序，使用简便。经过多版本迭代，现已更新到 6.88 版本。因此，本书将以 6.88 版本进行讲解。

1.3.1 STC-ISP 界面

STC-ISP 界面初看时较为烦琐，但是仔细观察，可以发现其功能齐全，便于配置。本节将简要概述 STC-ISP 烧录工具基础框架。界面如图 1-30 所示。

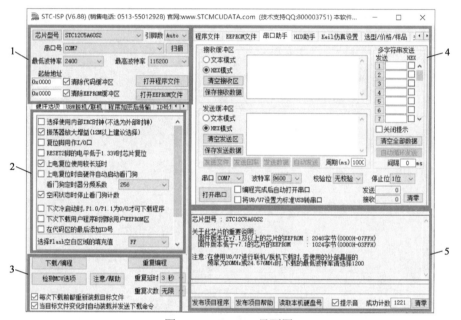

图 1-30 STC-ISP 界面图

1—基本设置框；2—启动设置框；3—程序烧录框；4—扩展功能框；5—状态显示框

基本设置框。可选择连接的串口号、单片机型号以及程序所在位置的信息。

启动设置框。可以在烧录时设置一些单片机的内部特殊寄存器。

程序烧录框。当基本设置框选中程序时，单击"下载/编程"就可以将所选中的程序烧录至单片机中（一般来说按下"下载/编程"后单片机需要冷启动才能烧录）。当"每次下载…"和"当目标文件…"选择框被选择时，目标程序文件一旦被重新编译生成即可进入程序烧录状态。

扩展功能框。将在 1.3.2 节中介绍。

状态显示框。可以显示烧录时的当前状态信息，比如程序烧录是否成功，软件是否检测到单片机等。

1.3.2 STC-ISP 使用

STC-ISP 集成了许多功能，比如计数器、定时器的配置，串口设置，软件定时等，本书只对部分常用扩展功能做简要介绍。

（1）程序下载

将单片机下载口通过 USB 数据线插入计算机 USB 接口，STC-ISP 的基本设置框中将会自动显示对应串口，如图 1-31 所示。

连接后选择"打开程序文件"按钮，打开选择文件界面，将前文中的 HEX 文件选中后单击"完成"。

之后在程序烧录框中单击"下载/编程"，冷启动单片机。待出现如图 1-32 所示状态，即完成操作。冷启动即重新启动单片机。

图 1-31　USB 连接显示

图 1-32　程序下载完连接显示

（2）软件延时配置

在扩展功能框中选择"软件延时计算器"，并按照如图 1-33 所示设置。

图 1-33　"软件延时计算器"界面

①　"系统频率"选择和用户开发板晶振频率相同大小。

②　"定时长度"按照用户需要输入。

③　"8051 指令集"根据单片机型号选择，如 STC89C52 选择 STC-Y1 指令集；STC15 系列单片机选择 STC-Y5 指令集。

④　最后单击"生成 C 代码"即可。

（3）定时器配置

STC-ISP 软件可快速配置 51 系列单片机的定时器、计算器，在扩展功能框中选择"定时器计算器"，则出现如图 1-34 所示界面。

①　"系统频率"选择和用户开发板晶振频率相同大小。

图 1-34 "定时器计算器"界面

② "定时长度"按照用户需要输入。

③ STC 的 51 系列单片机中常有两个以上定时器外设，选择定时器选项就是用来选择要使用的定时器。

④ 定时器有着多种工作模式，具体模式会在后面章节介绍，读者只需要知道此处可快速配置定时器的工作模式即可。

⑤ 根据不同类型 51 系列单片机的型号（手册给出）选择"定时器时钟"。

⑥ 最后将生成的 C 代码插入工程文件即可。

（4）串口设置

同样地，在扩展功能框中选择"波特率计算器"，显示如图 1-35 所示界面。

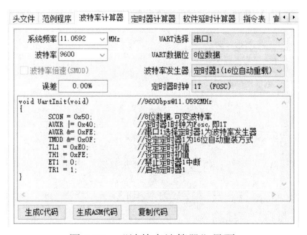

图 1-35 "波特率计算器"界面

"系统频率""定时器时钟""波特率发生器"以及"UART 选择"和"定时器计算器"的设置方法相同，不做过多介绍。

串口通信将在后面章节做详细讲解，同样地，本章只概述 STC-ISP 快速配置串口的方法。

① "UART 数据位"可以选择串口通信一次通信的数据宽度。

② "波特率"代表了串口通信 1s 所能传输的比特数据量。

③ 配置完成后将生成的 C 代码插入工程即可。

本章小结

本章主要讲述了单片机程序设计开发工具 Keil C51、仿真工具 Proteus 8 和代码烧写软件 STC-ISP 的使用。

Keil C51 集成开发环境是 Keil Software 公司（现已被 ARM 收购）开发的基于 80C51 内核的微处理器软件开发平台，内嵌多种符合当前工业标准的开发工具，可以完成工程建立和管理、编译、链接、目标代码生成、软件仿真调试等完整的开发流程。特别是 C51 编译工具在代码的准确性和效率方面达到了较高的水平，是单片机 C 语言软件开发的理想工具。

Proteus 8 是英国 Lab Center Electronics 公司推出的用于仿真单片机及其外围设备的 EDA 工具软件。它具有高级原理布图、混合模式仿真、PCB 设计以及自动布线等功能。Proteus 8 的虚拟仿真技术，第一次真正实现了在物理原型出来之前对单片机应用系统进行设计开发和测试。

STC-ISP 作为 STC 公司为其 51 系列内核单片机开发的专用烧录软件，有着轻量、便捷的特点，并且内置功能丰富，可以帮助开发者提高开发速度。

Proteus 8 与 Keil C51 配合使用，可以在不需要硬件投入的情况下，完成单片机 C 语言应用系统的仿真开发，从而缩短实际系统的研发周期，降低开发成本。其中，Keil C51 作为软件调试工具，Proteus 8 作为硬件仿真和调试工具。

思考与练习

1. 在 Proteus 8 中，如何选择、放置对象？列出图 1-27 所示的对象清单。

2. 在 Keil μVision5 中，如何生成 HEX 文件？

3. 如何将 HEX 文件装入单片机中？

4. 如何使用 STC-ISP 对单片机烧写程序？

5. 例 1-3 中给出的参考程序能否满足实验原理的要求？试画出参考程序的流程图，找出问题出在什么地方，并思考如何修改。

第2章 单片机C51语言基础

随着单片机开发技术的不断发展，使用汇编语言来开发单片机的人已经越来越少，越来越多的人开始使用 C 语言来开发单片机，市场上常见的几种单片机均有 C 语言开发环境。应用于 51 系列单片机开发的 C 语言通常简称为 C51 语言。Keil C51 是目前使用较多的 51 系列单片机的 C 语言程序开发软件。本章重点介绍 C51 语言对 ANSI 标准 C 语言的扩展内容。深入理解并应用这些扩展内容是学习 C51 语言程序设计的关键。

掌握 C51 语言的基本知识，特别是新增数据类型 bit、sbit、sfr、sfr16 的使用方法；理解 C51 语言中关于存储区域的划分；掌握 C51 语言中指针及绝对地址的使用方法；进一步熟悉 Keil C51、Proteus 8 的使用方法。

2.1 C51 语言的基本知识

众所周知，C 语言的特点是具有灵活的数据结构和控制结构，表达能力强，可移植性好。用 C 语言编写的程序兼有高级语言和低级语言的优点，表达清楚且效率高。C51 语言继承了 C 语言的绝大部分特性，而且基本语法相同。为了适应 51 系列单片机本身资源的特点，在数据类型、存储器类型、存储器模型、指针、函数等方面，C51 语言对 C 语言进行了一定的扩展。

本节主要介绍 C51 语言的基本知识，包括标识符、常量、基本数据类型。

2.1.1 标识符

用计算机语言编写程序的目的是处理数据，因此，数据是程序的重要组成部分。然而参与计算的数据特别是计算结果在编程时是不为人所知的，人们只能用变量表示。用来标识常量名、变量名、函数名等对象的有效字符序列称为标识符（Identifier）。简单来说，标识符就是一个名字。

合法的标识符由字母、数字和下划线组成，并且第一个字符必须为字母或下划线。例如：

```
area、PI、_ini、a_array、s123、P101p
```

都是合法的标识符，而

```
456P、cade-y、w.w、a&b
```

都是非法的标识符。

在 C51 语言的标识符中，大、小写字母是严格区分的。因此，page 和 Page 是两个不同的标识符。对于标识符的长度（一个标识符允许的字符个数），一般取前 8 个字符，多余的字符将不被识别。

C51 语言的标识符可以分为 3 类：关键字、预定义标识符和自定义标识符。

（1）关键字

关键字是 C51 语言规定的一批标识符，在源程序中代表固定的含义，不能另作它用。C51 语言除了支持 ANSI 标准 C 语言中的关键字（见表 2-1）外，还根据 51 系列单片机的结构特点扩展了部分关键字，见表 2-2。

（2）预定义标识符

预定义标识符是指 C51 语言提供的系统函数的名字（如 printf、scanf）和预编译处理命令（如 define、include）等。

C51 语言语法允许用户把这类标识符另作它用，但会使这些标识符失去系统规定的含义。因此，为了避免误解，建议用户不要把预定义标识符另作它用。

（3）自定义标识符

由用户根据需要定义的标识符，一般用来给变量、函数、数组或文件等命名。

程序中使用的自定义标识符除要遵循标识符的命名规则外，还应做到"见名知意"，即选择具有相关含义的英文单词或汉语拼音，以增加程序的可读性。

如果自定义标识符与关键字相同，程序在编译时则会给出出错信息；如果自定义标识符与预定义标识符相同，系统并不报错。

表 2-1 标准 C 语言中的常用关键字

关 键 字	类 别	用 途 说 明
char	定义变量的数据类型	定义字符型变量
double		定义双精度实型变量
enum		定义枚举型变量
float		定义单精度实型变量
int		定义基本整型变量
long		定义长整型变量
short		定义短整型变量
signed		定义有符号变量，二进制数据的最高位为符号位
struct		定义结构型变量
typedef		定义新的数据类型说明符
union		定义联合型变量
unsigned		定义无符号变量
void		定义无类型变量
volatile		定义在程序执行中可被改变的隐含变量
auto	定义变量的存储类型	定义局部变量，是默认的存储类型
const		定义符号常量
extern		定义全局变量
register		定义寄存器变量
static		定义静态变量

续表

关 键 字	类　　别	用 途 说 明
break	控制程序流程	退出本层循环或结束 switch 语句
case		switch 语句中的选择项
continue		结束本次循环，继续下一次循环
default		switch 语句中的默认选择项
do		构成 do…while 循环语句
else		构成 if…else 选择语句
for		for 循环语句
goto		转移语句
if		选择语句
return		函数返回语句
switch		开关语句
while		while 循环语句
sizeof	运算符	用于测试表达式或数据类型所占用的字节数

表 2-2　C51 语言中新增的常用关键字

关 键 字	类　　别	用 途 说 明
bdata	定义数据存储区域	可位寻址的片内数据存储器（20H～2FH）
code		程序存储器
data		可直接寻址的片内数据存储器
idata		可间接寻址的片内数据存储器
pdata		可分页寻址的片外数据存储器
xdata		片外数据存储器
compact	定义数据存储模式	指定使用片外分页寻址的数据存储器
large		指定使用片外数据存储器
small		指定使用片内数据存储器
bit	定义数据类型	定义一个位变量
sbit		定义一个 SFR 中的位变量
sfr		定义一个 8 位的 SFR
sfr16		定义一个 16 位的 SFR
interrupt	定义中断函数	声明一个函数为中断服务函数
reentrant	定义再入函数	声明一个函数为再入函数
using	定义当前工作寄存器组	指定当前使用的工作寄存器组
-at-	地址定位	为变量进行存储器绝对地址空间定位
-task-	任务声明	定义实时多任务函数

2.1.2　常量

　　在程序运行过程中值始终不变的量称为常量。在 C51 语言中，可以使用整型常量、实型常量、字符型常量。

（1）整型常量

整型常量又称为整数。在 C51 语言中，整数可以用十进制、八进制和十六进制形式表示。但是，C51 语言中数据的输出形式只有十进制和十六进制两种，不带 0x 的就是十进制，带了 0x 的就是十六进制，并且可以在 Keil μVision5 中的"Call Stack+Locals"对话框中切换，如图 2-1 所示。

图 2-1　C51 语言中数据输出形式选择

① 十进制数：用一串连续的数字来表示，如 12、–1、0 等。

② 八进制数：用数字 0 开头，如 010、–024、033 等。

③ 十六进制数：用 0x 或者 0X 开头，在用十六进制表示的数字中不区分大小写，如 0x5a 和 0x5A 是相等的。

例如，下列程序片段的执行结果为 sum=497（或 0x1F1）。

```
int i=123, j=0123, k=0x123, sum;
sum=i+j+k;
```

在 C51 语言中，还可以用一个"特别指定"的标识符来代替一个常量，称之为符号常量。符号常量通常用#define 命令定义，如

```
#define PI 3.14159//当编译器遇到 PI 时就会把它当作 3.14159 来处理
```

定义了符号常量 PI，就可以用下列语句计算半径为 r 的圆的面积 S 和周长 L。

```
S=PI*r*r;// 在程序中引用符号常量 PI
L=2*PI*r;// 在程序中引用符号常量 PI
```

（2）实型常量

实型常量又称实数。在 C51 语言中，实数有两种表示形式，即小数形式和指数形式，均采用十进制数，默认格式输出时最多只保留 6 位小数。

① 小数形式：由数字和小数点组成。例如，0.123、.123、123.、0.0 等都是合法的实型常量。

② 指数形式：由小数形式的实数和 E±整数组成（+一般可省略）。例如，2.3026 可以写成 0.23026E1，或 2.3026E0，或 23.026E–1。

（3）字符型常量

一个用单引号(英文符号)括起来的 ASCII 字符集中的可显示字符称为字符型常量。例如，′D′、′a′、′9′、′#′、′%′ 都是合法的字符型常量。

C51 语言规定，所有字符型常量都可作为整型常量来处理。字符型常量在内存中占一个字节，存放的是字符的 ASCII 代码值。因此，字符型常量′A′的值可以是 65，也可以是 0x41；字符型常量′a′的值可以是 97，也可以是 0x61。字符型常量的值可以查阅 ASCII 代码表。

例如，下列程序片段的执行结果为 z=16（或 0x10）。

```
unsigned char x='A', y='a';
unsigned z;
z=(y–x)/2;
```

2.1.3 基本数据类型

数据类型是指变量的内在存储方式,即存储变量所需的字节数以及变量的取值范围。C51 语言中变量的基本数据类型见表 2-3,其中 bit、sbit、sfr、sfr16 为 C51 语言新增的数据类型,可以更加有效地利用 51 系列单片机的内部资源。所谓变量,是指在程序运行过程中值可以改变的量,C51 语言能够通过变量名来访问内存中的数据。也就是说,C51 语言用变量名来标识内存中的某个存储位置,在程序中使用变量名,实际上引用的是内存中对应的某个存储位置。

表 2-3　C51 语言中变量的基本数据类型

数据类型	占用的字节数	取 值 范 围
unsigned char	单字节	0～255
signed char	单字节	−128～+127
unsigned int	双字节	0～65535
signed int	双字节	−32768～+32767
unsigned long	4 字节	0～4294967295
signed long	4 字节	−2147483648～+2147483647
float	4 字节	±1.175494E−38～±3.402823E+38
*	1～3 字节	对象的地址
bit	位	0 或 1
sbit	位	0 或 1
sfr	单字节	0～255
sfr16	双字节	0～65535

变量应该先定义后使用,定义格式如下:

数据类型　变量名[=初值]

变量名必须以字母或_(下划线)开头;变量名中不能包含换行符、空格等空白字符;不能是 C51 语言中的保留字(如 int、float 等);C51 语言区分大小写,例如变量′A′和变量′a′就是两个不同的变量。

以 unsigned int 为例,变量的定义方式主要有以下 3 种。

```
unsigned int k;//定义变量 k 为无符号整型
unsigned int i,j,k;//定义变量 i,j,k 为无符号整型
unsigned int i=6,j;//定义变量的同时给变量 i 赋初值,变量初始化
```

当在一个表达式中出现不同数据类型的变量时,必须进行数据类型转换。C51 语言中数据类型的转换有两种方式:自动类型转换和强制类型转换。

① 自动类型转换。不同数据类型的变量在运算时,由编译系统将它们自动转换成同一数据类型,再进行运算。自动转换规则如下:

```
bit→char→int→long→float
      signed→unsigned
```

自左至右数据长度增加,即参加运算的各个变量都转换为它们之中数据长度最长的数据类型。

当赋值运算符左右两侧数据类型不一致时,自动把右侧表达式的数据类型转换成左侧变量的数据类型,再赋值。

② 强制类型转换。根据程序设计的需要,可以进行强制类型转换。强制类型转换是利用强制类型转换符将一个表达式强制转换成所需的数据类型。其格式如下:

(数据类型) 表达式

例如，（int）9.68=9。

【例2-1】数据类型转换。

```c
#include <reg52.h>
void main( )
{
    float x=3.5,y,z,l;
    unsigned int i=6,j;
    j=x+i;//j 是整型，结果为整型
    y=x+i;//y 是实型，结果为实型
    l=i+(int)5.8;//将 5.8 强制转换为整型，由于变量 l 为实型，结果仍为实型
    z=(float)i+5.8;//将 i=6 强制转换为实型再进行运算，结果为实型
}
```

在 Keil μVision5 的"Watches"窗口中可以观察程序运行的结果。

下面重点介绍 C51 语言中新增的数据类型 bit、sbit、sfr 和 sfr16。为了方便讲解，给出一个简单的、基于 STC89C52 的、用 Proteus 8 绘制的单片机应用系统电路原理图，如图 2-2 所示。在该单片机应用系统中，除了必需的时钟电路、复位电路外，仅在 P0 口接了 8 个发光二极管，R1～R8 为限流电阻。

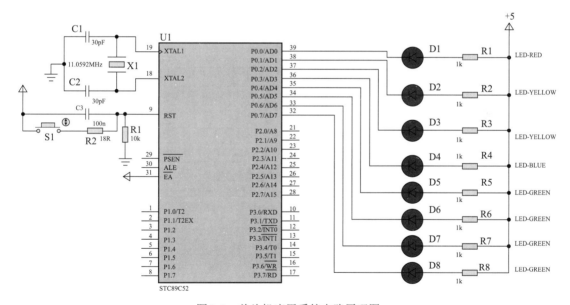

图 2-2　单片机应用系统电路原理图

（1）bit

在 51 系列单片机的内部 RAM 中，可位寻址的单元主要有两大类：低 128 字节中的位寻址区（20H～2FH），高 128 字节中的可位寻址的 SFR，有效的位地址共 210 个（其中位寻址区有 128 个，可位寻址的 SFR 中有 82 个），见表 2-4。

表 2-4 51 系列单片机内部 RAM 中可位寻址的单元

类 别	单元名称	单元地址	MSB ←			位地址			→	LSB
位寻址区		20H	07H	06H	05H	04H	03H	02H	01H	00H
		21H	0FH	0EH	0DH	0CH	0BH	0AH	09H	08H
		22H	17H	16H	15H	14H	13H	12H	11H	10H
		23H	1FH	1EH	1DH	1CH	1BH	1AH	19H	18H
		24H	27H	26H	25H	24II	23II	22II	21II	20II
		25H	2FH	2EH	2DH	2CH	2BH	2AH	29H	28H
		26H	37H	36H	35H	34H	33H	32H	31H	30H
		27H	3FH	3EH	3DH	3CH	3BH	3AH	39H	38H
		28H	47H	46H	45H	44H	43H	42H	41H	40H
		29H	4FH	4EH	4DH	4CH	4BH	4AH	49H	48H
		2AH	57H	56H	55H	54H	53H	52H	51H	50H
		2BH	5FH	5EH	5DH	5CH	5BH	5AH	59H	58H
		2CH	67H	66H	65H	64H	63H	62H	61H	60H
		2DH	6FH	6EH	6DH	6CH	6BH	6AH	69H	68H
		2EH	77H	76H	75H	74H	73H	72H	71H	70H
		2FH	7FH	7EH	7DH	7CH	7BH	7AH	79H	78H
可位寻址的 SFR	P0	80H	87H	86H	85H	84H	83H	82H	81H	80H
	TCON	88H	8FH	8EH	8DH	8CH	8BH	8AH	89H	88H
	P1	90H	97H	96H	95H	94H	93H	92H	91H	90H
	SCON	98H	9FH	9EH	9DH	9CH	9BH	9AH	99H	98H
	P2	A0H	A7H	A6H	A5H	A4H	A3H	A2H	A1H	A0H
	IE	A8H	AFH	—	—	ACH	ABH	AAH	A9H	A8H
	P3	B0H	B7H	B6H	B5H	B4H	B3H	B2H	B1H	B0H
	IP	B8H	—	—	—	BCH	BBH	BAH	B9H	B8H
	PSW	D0H	D7H	D6H	D5H	D4H	D3H	D2H	—	D0H
	ACC	E0H	E7H	E6H	E5H	E4H	E3H	E2H	E1H	E0H
	B	F0H	F7H	F6H	F5H	F4H	F3H	F2H	F1H	F0H

关键字 bit 可以定义存储于位寻址区中的位变量。位变量的值只能是 0 或 1。bit 型变量的定义方法如下：

```
bit flag;//定义一个位变量 flag
bit flag=1;//定义一个位变量 flag，并赋初值 1
```

Keil C51 编译器对关键字 bit 的使用有如下限制。

① 不能定义位指针。如

```
bit *P;//非法定义，关键字 bit 不能定义位指针
```

② 不能定义位数组。如

```
bit P[8];//非法定义，关键字 bit 不能定义位数组
```

③ 用 "#pragma disable" 说明的函数和用 "using n" 明确指定工作寄存器组的函数，不能返回 bit 类型的值。

【例 2-2】基于图 2-2 所示的单片机应用系统，使用位变量 flag 控制发光二极管 D1 闪烁。

```
#include <reg52.h>//开发51单片机时需要包含的头文件
void main()
{
    unsigned int i;//定义无符号整型变量i, 用于循环延时
    bit flag;//定义位变量flag, 用于控制发光二极管D1的开、关
    flag=1;
    P1=0xff;//关闭接在P0口的所有发光二极管
    do{
        if( flag==1 )//如果flag=1, 则打开D1, 并清零flag
        {
            P0=~0x01;//~为取反符号
            flag=0;
        }
        else//如果flag≠1, 则关闭D1, 并置位flag
        {
            P0=0xff;
            flag=1;
        }
        for( i=0;i<10000;i++ ) {;}//软件延时
    }
    while(1);
}
```

（2）sbit

关键字sbit用于定义存储在可位寻址的SFR中的位变量, 为了区别于bit型位变量, 称用sbit定义的位变量为SFR位变量。SFR位变量的值只能是0或1。51系列单片机中SFR位变量的存储范围见表2-4。

SFR位变量的定义方法通常有以下3种。

① 使用SFR的位地址:

sbit 位变量名=位地址

② 使用SFR的单元名称:

sbit 位变量名=SFR单元名称^变量位序号

③ 使用SFR的单元地址:

sbit 位变量名=SFR单元地址^变量位序号

例如, 下列3种方式均可以定义P1口的P1.2引脚。

```
sbit P1_2=0x92;//0x92是P1.2的位地址值
    sbit P1_2=P1^2;//P1.2的位序号为2, 需事先定义好特殊功能寄存器P1
    sbit P1_2=0x90^2;//0x90是P1的单元地址
```

【例2-3】基于图2-2所示的单片机应用系统, 编写程序使发光二极管D1、D2、D3同时闪烁（利用sbit型变量）。

```
#include <reg52.h>
sbit P0_0=0x80;//定义P0口的P0.0引脚
sbit P0_1=P0^1;//定义P0口的P0.1引脚
```

```
sbit P0_2=0x80^2;//定义 P0 口的 P0.2 引脚
void delay(unsigned int z)//软件延时函数
    {
        unsigned int x,y;
          for(x=z;x>0;x--);
            for(y=110;y>0;y--);
        }
void main( )
{
    unsigned int i;             //定义无符号整型变量i，用于循环延时
    P0=0xff;                    //关闭接在 P0 口的所有发光二极管
    do{
        P0_0=0;
        P0_1=0;
        P0_2=0;                 //打开 D1、D2、D3
        delay(1000);
        P0=0xff;                //关闭所有 LED
        delay(1000);
    }while( 1 );
}
```

在 Keil μVision5 中的"Parallel Port 0"对话框和"Memory 1"对话框中均可以观察程序运行的结果，如图 2-3 所示。如果将 Keil μVision5 生成的 HEX 文件装入图 2-2 中的 STC89C52 中，则可以在 Proteus 8 中看到硬件仿真结果。

图 2-3　软件仿真结果

（3）sfr

利用 sfr 型变量可以访问 51 系列单片机内部所有的 8 位特殊功能寄存器。51 系列单片机内部共有 21 个 8 位特殊功能寄存器，其中有 11 个是可位寻址的（见表 2-4），10 个是不可以位寻址的（见表 2-5）。

表 2-5　51 系列单片机中不可位寻址的 SFR

SFR 名称	SFR 地址	SFR 名称	SFR 地址
SP	81H	TL0	8AH
DPL	82H	TL1	8BH
DPH	83H	TH0	8CH
PCON	87H	TH1	8DH
TMOD	89H	SBUF	99H

sfr 型变量的定义方法如下：

sfr 变量名=某个 SFR 地址

【**例 2-4**】基于图 2-2 所示的单片机应用系统，编写程序使发光二极管 D1、D2、D3 同时闪烁（利用 sfr 型变量）。

```
#include <reg52.h>
sfr PortP0=0x80;//定义sfr型变量PortP0，并指向特殊功能寄存器P0
sbit P0_0=PortP0^0;//定义P0口的P0.0引脚
sbit P0_1=PortP0^1;//定义P0口的P0.1引脚
sbit P0_2=PortP0^2;//定义P0口的P0.2引脚
void delay(unsigned int z)
{
  unsigned int x,y;
    for(x=z;x>0;x--);
      for(y=110;y>0;y--);
}
void main()
{
    unsigned int i;          //定义无符号整型变量i，用于循环延时
    P0=0xff;                 //关闭接在P0口的所有发光二极管
    while( 1 ){
            P0_0=0;
            P0_1=0;
            P0_2=0;
            delay(1000);
            P0=0xff;
            delay(1000);
        }
}
```

事实上，Keil C51 编译器已经在相关的头文件中对 51 系列单片机内部的所有 sfr 型变量和 sbit 型变量进行了定义，在编写 C51 程序时可以直接引用，如本例中的"reg52.h"。打开头文件"reg52.h"，可以看到以下内容。

```
/*-------------------------------------------------------------------
REG52.H

Header file for generiC80C52 and 80C32 microcontroller.
Copyright (c) 1988-2002 Keil Elektronik GmbH and Keil Software, Inc.
All rights reserved.
-------------------------------------------------------------------*/

#ifndef REG52.H
#define REG52.H
```

```
/*  BYTE Registers  */
sfr P0=0x80;  //定义 8 位的特殊功能寄存器
sfr P1=0x90;
sfr P2=0xA0;
sfr P3=0xB0;
sfr PSW=0xD0;
sfr ACC=0xE0;
sfr B=0xF0;
sfr SP=0x81;
sfr DPL=0x82;
sfr DPH=0x83;
sfr PCON=0x87;
sfr TCON=0x88;
sfr TMOD=0x89;
sfr TL0=0x8a;
sfr TL1=0x8b;
sfr TH0=0x8c;
sfr TH1=0x8d;
sfr IE=0xA8;
sfr IP=0xB8;
sfr SCON=0x98;
sfr SBUF=0x99;

/*  8052 Extensions  */
sfr T2CON=0xc8;
sfr RCAP2L=0xca;
sfr RCAP2H=0xcb;
sfr TL2=0xcc;
sfr TH2=0xcd;

/*  BIT Registers  */
/*  PSW  */
sbit CY=PSW^7;//定义 PSW 中的标志位
sbit AC=PSW^6;
sbit F0=PSW^5;
sbit RS1=PSW^4;
sbit RS0=PSW^3;
sbit OV=PSW^2;
sbit P=PSW^0;//只对于 8052

/*  TCON  */
sbit TF1=TCON^7;//定义 TCON 中的标志位
```

```
sbit TR1=TCON^6;
sbit TF0=TCON^5;
sbit TR0=TCON^4;
sbit IE1=TCON^3;
sbit IT1=TCON^2;
sbit IE0=TCON^1;
sbit IT0=TCON^0;

/*  IE  */
sbit EA=IE^7;//定义 IE 中的标志位
sbit ET2=IE^5;//只对于 8052
sbit ES=IE^4;
sbit ET1=IE^3;
sbit EX1=IE^2;
sbit ET0=IE^1;
sbit EX0=IE^0;

/*  IP  */
sbit PT2=IP^5;//定义 IP 中的标志位
sbit PS=IP^4;
sbit PT1=IP^3;
sbit PX1=IP^2;
sbit PT0=IP^1;
sbit PX0=IP^0;

/*  P3  */
sbit RD=P3^7;//定义 P3 口引脚的第二功能
sbit WR=P3^6;
sbit T1=P3^5;
sbit T0=P3^4;
sbit INT1=P3^3;
sbit INT0=P3^2;
sbit TXD=P3^1;
sbit RXD=P3^0;

/*  SCON  */
sbit SM0=SCON^7;//定义 SCON 中的标志位
sbit SM1=SCON^6;
sbit SM2=SCON^5;
sbit REN=SCON^4;
sbit TB8=SCON^3;
sbit RB8=SCON^2;
```

```
sbit TI=SCON^1;
sbit RI=SCON^0;


/*  P1  *///定义 P1 口某些引脚的第二功能
sbit T2EX=P1^1;//只对于 8052
sbit T2=P1^0;//只对于 8052


/*  T2CON  */
sbit TF2=T2CON^7;//定义 T2CON 中的标志位
sbit EXF2=T2CON^6;
sbit RCLK=T2CON^5;
sbit TCLK=T2CON^4;
sbit EXEN2=T2CON^3;
sbit TR2=T2CON^2;
sbit C_T2=T2CON^1;
sbit CP RL2=T2CON^0;


#endif
```

因此，只要在程序的开头添加了"#include <reg52.h>"，对 reg52.h 中已经定义了的 sfr 型、sbit 型变量，如无特殊需要，则不必重新定义，直接引用即可。值得注意的是，在 reg52.h 中未给出 4 个 I/O 口（P0～P3）的引脚定义。

（4）sfr16

与 sfr 类似，sfr16 可以访问 51 系列单片机内部的 16 位特殊功能寄存器（如定时器 T0 和 T1）。

2.2 运算符与表达式

C51 语言的运算符种类十分丰富，包括算术运算符、关系运算符、逻辑运算符、赋值运算符等。表 2-6 给出了部分常用运算符。其中，运算类型中的"目"是指运算对象。当只有一个运算对象时，称为单目运算符；当运算对象为两个时，称为双目运算符；当运算对象为三个时，称为三目运算符。

当不同的运算符出现在同一个表达式中时，运算的先后次序取决于运算符优先级的高低以及运算符的结合性，当不知道哪一个运算符的优先级高时，可以将需要先计算的表达式用圆括号括起来。

① 优先级：运算符按优先级分为 15 级，见表 2-6。

当运算符的优先级不同时，优先级高的运算符先运算。

当运算符的优先级相同时，运算次序由结合性决定。

② 结合性：运算符的结合性分为从左至右、从右至左两种。例如：

```
a * b /C// 从左至右
a +=a -=a * a// 从右至左
```

表 2-6 部分常用运算符

优先级	运 算 符	运算符功能	运算类型	结合方向
1	（ ）	圆括号、函数参数表	括号运算符	从左至右
	[ ]	数组元素下标		
2	!	逻辑非	单目运算符	从右至左
	~	按位取反		
	++、--	自增1、自减1		
	+	求正		
	-	求负		
	*	间接寻址运算符		
	&	取地址运算符		
	（类型名）	强制类型转换		
	sizeof	求所占字节数		
3	*、/、%	乘、除、整数求余	双目算术运算符	从左至右
4	+、-	加、减		
5	<<、>>	向左移位、向右移位	双目移位运算符	
6	<、<=、>、>=	小于、小于等于、大于、大于等于	双目关系运算符	
7	==、!=	恒等于、不等于		
8	&	按位与	双目位运算符	从左至右
9	^	按位异或		
10			按位或		
11	&&	逻辑与	双目逻辑运算符	
12	||	逻辑或		
13	表达式1? 表达式2：表达式3	条件运算	三目条件运算符	从右至左
14	=	简单赋值	双目赋值运算符	从右至左
	+=、-=、*=、/=、%=、&=、|=等	复合赋值（计算并赋值）		
15	,	顺序求值	顺序运算符	从左至右

2.2.1 算术运算符与算术表达式

算术运算符共有 7 个：+、-、*、/、%、++、--。其中，+、-、*、/、%为双目算术运算符；++、--为单目算术运算符。

（1）双目算术运算符

在使用双目算术运算符+、-、*、/、%时，应注意以下几点。

① 在 C51 语言中，"*"表示乘法运算符。

② 对于除法运算符"/"，当运算对象均为整数时，结果也为整数，并不是像数学中那样四舍五入，而是将小数部分全部舍去；当运算对象中有一个是实数时，则结果为双精度实数。例如：

```
2/5// 结果为0
2.0/5// 结果为0.400000
```

③ 求余运算符"%"仅适用于整型和字符型数据。求余运算的结果符号与被除数相同，其值等于两数相除后的余数。例如：

```
1%2// 结果为1
1% (-2) // 结果为1
(-1) %2// 结果为-1
```

（2）单目算术运算符

单目算术运算符++、--又称为自增、自减运算符。自增、自减完成后，会用新值替换旧值，将新值保存在当前变量中。在使用自增、自减运算符时，应注意以下几点。

① ++、--的运算结果是使运算对象的值增1或减1。例如：

$$i++// \text{ 相当于 } i=i+1$$
$$i--// \text{ 相当于 } i=i-1$$

② ++、--是单目算术运算符，运算对象可以是整型或实型变量，但不能是常量或表达式，如++3、（i+j）--等都是非法的。

③ ++ 在前面叫作前自增（例如 ++a）。前自增先进行自增运算，再进行其他操作。

++ 在后面叫作后自增（例如 a++）。后自增先进行其他操作，再进行自增运算。

自减（--）也一样，有前自减和后自减之分。

④ 不要在一个表达式中对同一个变量进行多次诸如++i 或 i++等运算，例如：

$$i++ * ++i + i--* --i$$

这种表达式不仅可读性差，而且不同的编译系统对其将作不同的解释，进行不同的处理，因而所得结果也各不相同。

【例 2-5】 自增、自减运算符的使用。

```c
#include <reg52.h>
void main( )
{
  unsigned int a=3,b,c;
  b=(++a) +5;// 前自增,先加后用
  c=(a++) +6;// 后自增,先用后加
}
```

在 Keil μVision5 中的"Call Stack+Locals"对话框中可以看到例 2-5 的运行结果，如图 2-4 所示。

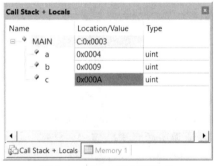

图 2-4　例 2-5 的运行结果

（3）算术表达式

用算术运算符把参加运算的数据（常量、变量、库函数和自定义函数的返回值）连接起来的算式称为算术表达式。例如：

```
10/5*3
(x+r)*8-(a+b)/7
sin(x)+sin(y)
```

在 C51 语言中，算术表达式的求值规律与数学中的四则运算规律类似，规则和要求如下。

① 四则运算时先乘除后加减。

② 在算术表达式中，可使用多层圆括号。运算时从内层圆括号开始，由内向外依次计算算术表达式的值。

③ 在算术表达式中，按运算符优先级顺序求值。若运算符的优先级相同，则按规定的结合方向运算。例如：

```
2*3%4=(2*3)%4=2
```

2.2.2 赋值运算符与赋值表达式

从表 2-6 中可以看出，双目赋值运算符有两种：简单赋值运算符（=）和复合赋值运算符（+=、-=、*=、/=等）。它们的优先级均为 14 级，结合性都是从右至左。

（1）简单赋值运算符与简单赋值表达式

在 C51 语言中，符号"="为简单赋值运算符。由简单赋值运算符组成的表达式称为简单赋值表达式，其一般形式如下：

```
变量名=表达式
```

简单赋值运算的功能是：先求出"="右边表达式的值，然后把此值赋给"="左边的变量。在程序中，可以多次给同一个变量赋值，每赋一次值，它对应的存储单元中的数据就被更新一次。例如：

```
a=10;// 将 10 赋给变量 a
b=12+a;// 将(12+a)的值赋给变量 b
a=a+10;// 将(a+10)的值赋给变量 a
```

在使用简单赋值运算符时，应该注意以下几点。

① "="与数学中的"等于号"是不同的，其含义不是等同的关系，而是进行"赋值"的操作。例如：

```
i=i + 1;//将 i+1 所得的值赋给 i
```

② "="的左侧只能是变量，不能是常量或表达式。例如：

```
a + b=c;
```

是不合法的赋值表达式。

③ "="右边既可以是一个量，也可以是一个表达式。例如：

```
int a=1, b=1, C=0 d=2;
C=a + b;
C=d;
```

（2）复合赋值运算符与复合赋值表达式

在简单赋值运算符之前加上其他运算符可以构成复合赋值运算符。由复合赋值运算符组成的表达式称为复合赋值表达式。

C51 语言规定可以使用多种复合赋值运算符，其中，+=、-=、*=、/=比较常用（注意：两个符号之间不可以有空格），功能如下。

```
a +=b// 等价于 a=a + b
a -=b// 等价于 a=a - b
a *=b// 等价于 a=a * b
a /=b// 等价于 a=a / b
```

（3）赋值运算中的数据类型转换

如果赋值符号两边的数据类型不相同，系统将自动进行数据类型转换，即把赋值符号右边表达式的数据类型转换为左边变量的数据类型，然后赋值。例如：

```
int a=8, b;
double x=16.5;
b=x / a + 3;
```

结果变量 b 的值为 5。

【例 2-6】演示简单赋值运算符、复合赋值运算符、自增和自减运算符的使用。

```c
#include <reg52.h>
#include <stdio.h>
void Test( void )
{
  int x=3, y=3, z=3;
  x +=y *=z;
  printf( "(1) %d, %d, %d\n", x, y, z );
  x++;
  y++;
  --z;
  printf( "(2) %d, %d, %d\n", x, y, z );
  x=5;
  y=x++;
  x=5;
  z=++x;
  printf( "(3) %d, %d, %d\n", x, y, z );
  --y;
  z=++x * 7;
  printf( "(4) %d, %d, %d\n", x, y, z );
  z=x++* 8;
  printf( "(5) %d, %d, %d\n", x, y, z );
  x=8;
  printf( "(6) %d, %d, %d\n", x, x++, ++x );
}
void UART_TIM_Init( void )
{
  SCON=0x50;//串行口以方式 1 工作
  TMOD |=0x20;//定时器 T1 以方式 2 工作
  TH1=0xf3;//波特率为 2400 时 T1 的初值
  TR1=1;//启动 T1
  TI=1;//允许发送数据
}
void main( void )
{
```

```
UART_TIM_Init( );//串口和定时器初始化
Test( );//串口发送数据
}
```

在 Keil μVision5 中运行上述程序，通过编译、链接后，启动"Debug"，在"View"栏中选择"Serial Windows"，选择"UART#1"，单击全速运行，在"UART #1"窗口中即可观察到程序运行的结果，如图 2-5 所示。

图 2-5　例 2-6 的运行结果

2.2.3　关系运算符、逻辑运算符及其表达式

C51 语言提供了用于将简单条件连接在一起构成复杂条件的逻辑运算符，用逻辑运算符连接操作数组成的表达式称为逻辑表达式，当关系成立或逻辑运算结果为非零值（整数或负数）时为"真"，用"1"表示；否则为"假"，用"0"表示。

（1）关系运算符与关系表达式

所谓关系运算，实际上是"比较运算"，即将两个数进行比较，判断比较的结果是否符合指定的条件。在 C51 语言中有 6 种关系运算符：<、<=、>、>=、==、!=。

用关系运算符将两个表达式连接起来的式子称为关系表达式。其一般形式为

表达式 1 关系运算符 表达式 2

其中的表达式可以是 C51 语言中任意合法的表达式。例如，若 a=2，b=3，c=4，则

```
a + b > 3 * c;// 表达式不成立,结果为 0
(a=b) < (b=10%c);// 表达式不成立,结果为 0
(a<=b)==(b>c);// 表达式不成立,结果为 0
'A' !='a';// 表达式成立,结果为 1
```

（2）逻辑运算符与逻辑表达式

C51 语言中有 3 种逻辑运算符：&&、|| 和 !，其运算规则见表 2-7。用逻辑运算符将关系表达式或其他运算对象连接起来的式子称为逻辑表达式。

表 2-7　逻辑运算规则

逻辑运算符	含　义	运算规则	说　明
&&	与运算	0&&0=0，0&&1=0，1&&0=0，1&&1=1	全真则真，一假则假
||	或运算	0||0=0，0||1=1，1||0=1，1||1=1	全假则假，一真则真
!	非运算	!1=0，!0=1	非假则真，非真则假

【**例 2-7**】演示关系运算符、逻辑运算符的使用。

```
#include <reg52.h>
#include <stdio.h>
void Serial_Init( void )
{
  SCON=0x50;// 串行口以方式 1 工作
  TMOD |=0x20;// 定时器 T1 以方式 2 工作
  TH1=0xf3;// 波特率为 2400 时 T1 的初值
  TR1=1;// 启动 T1
  TI=1;// 允许发送数据
}
void main( )
{
  int x1, x2, x3=100;
  Serial_Init( );
  x1=5>3>2;
  x2=(5>3)&&(3>2);
  printf( "(1) %d, %d, %d\n", x1, x2, !x3 );
  (5>3) && (x1=3);
  (5<3) && (x2=5);
  (5>3) || (x3=7);
  printf( "(2) %d, %d, %d\n", x1, x2, x3 );
}
```

在 Keil μVision5 中运行该程序，通过编译、链接后，启动"Debug"，在"View"栏中选择"Serial Windows"，选择"UART#1"，单击全速运行。在"UART#1"窗口中即可观察到程序运行的结果，如图 2-6 所示。

图 2-6　例 2-7 的运行结果

用简单的逻辑运算可以表示复杂的条件，如"判断一个整型变量 a 是否在大于 10、小于 15 的范围内，并且是 3 的整倍数"可表示为

```
(a >10 && a<15 ) && ( a%3==0)
```

2.2.4　条件运算符与条件表达式

条件运算符"？："是 C51 语言中唯一的一个三目运算符，它需要 3 个运算对象。由条件运算符和 3 个运算对象构成的表达式称为条件表达式，用一个条件选择两个值中的一个。其格式为

表达式 1 ? 表达式 2 :表达式 3

条件表达式的执行过程是：先计算表达式 1，
若表达式 1 的运算结果为 1，则计算表达式 2，并
把表达式 2 的值作为整个表达式的值；如果表达式
1 的运算结果为 0，则计算表达式 3，并把表达式 3
的值作为整个表达式的值，如图 2-7 所示。

例如，若要求两个变量中的最大值就可以使用
条件表达式，即

图 2-7　条件表达式执行流程图

```
int a,b,max;
max=(a>b) ? a : b;//max 的值就是 a 和 b 中的最大值
```

2.2.5　逗号运算符与逗号表达式

逗号运算符"，"是 C51 语言提供的一种特殊运算符，用逗号运算符将两个或多个表达式连
接起来的式子称为逗号表达式，整个逗号表达式的数据类型及其数值，取决于逗号表达式中最右
边那个表达式的数据类型及其数值。逗号运算符主要用在 for 循环语句中，它的基本用途是支持在
for 语句中使用多个初始化表达式或多个增量表达式。

逗号表达式的一般形式为

表达式 1,表达式 2,…,表达式 n

逗号表达式的求解过程：从左至右，依次计算，最后一个表达式的值就是整个逗号表达式的
值。例如：

```
a=(6+2,6*9);//得到 a 的值为 54
```

逗号运算符的优先级低于赋值运算符，例如：

```
a=(6+2,6*9);//得到 a 的值为 54
a=6+2,6*9;//得到 a 的值为 8
```

逗号表达式应用：
① 顺序求值，例如：

```
x=2,y=x + 4,z=x * y;
```

② 有时可以使用逗号表达式代替花括号的作用，例如：

```
if(a>b)
t=a,a=b,b=t;
```

③ 在只能用一个表达式的语法限制下进行多项操作。逗号表达式常用在 for 语句或 while 语
句的圆括号内，例如：

```
for(a=1, i=1;i <=n;i++)
{
    a *=i;
}
```

2.3　指针基础

在 C51 语言中，内存对于程序员来说是可操作的，用于表示内存地址的数据项称为指针。当

工程较大时，使用指针会比较方便，因此学习指针知识是必要的。

指针提供了一种简捷的方式来访问一个大的数据结构，当两个函数之间传递的是比较大的数据时，就可以使用指针作为参数，两个函数传递的就是数据的地址，而不是数据本身了，可以使不同模块之间的共享更加方便。

2.3.1 指针变量的声明

要研究指针首先要搞清楚内存单元地址这个概念，可以把内存比作一个宿舍楼，宿舍楼里有许多房间，这个房间就是内存单元，并且每一个房间都有一个编号，而这个编号就是内存单元的地址。假设变量 X 的内存单元地址是 0x10，那么可以理解为有一个叫作 X 的人住进了宿舍楼的 0x10 号房间。

假设现在定义了

unsigned char a = 1;

unsigned char b = 2;

unsigned int c= 3;

unsigned long d = 4;

把 a、b、c、d 这四个变量放进内存中就会出现表 2-8 所示的情况。

表 2-8　变量占用内存情况

内存地址	存储的数据	内存地址	存储的数据
0x00	a	0x04	d
0x01	b	0x05	d
0x02	c	0x06	d
0x03	c	0x07	d

基本的内存单元是字节，可以看到不同类型的变量会占用不同数量的内存单元，a 和 b 都只占用了一个字节，c 占用了两个字节，而 d 占用了四个字节，那么对于占用多个内存单元的变量，它的地址是什么呢？由于我们使用的是 Keil 和 51 系列单片机，内存地址所表示的十六进制数较小的称为高字节，较大的称为低字节，所以以 0x02 作为变量 c 的地址，取 0x04 作为变量 d 的地址。那么在定义了一个变量后如何取得该变量的地址呢？在 C 语言和 C51 语言中，在变量前加一个"&"就表示取该变量的地址，所以称 "&" 为取地址符。

在 C51 语言中要访问一个变量有两种方式：一种是通过变量名来访问；另一种是通过变量的地址来访问，也就是使用 "*" 符号来访问。可以这样说，地址就等同于指针，变量的地址就是变量的指针。为了能够访问不同变量的地址，通常会定义一个能够保存指针的变量，叫作指针变量。

"*" 符号在 C 语言和 C51 语言中有三个用法。

第一个用法：表示乘法操作。

第二个用法：定义指针变量时使用，unsigned char *p，p 代表一个指针变量。

第三个用法：取值运算，例如：

```
unsigned char a=1;
unsigned char b=2;
```

```
                      unsigned char *p;
                      p=&a;
                      b=*p;//b 的值最后变成了 1
```

指针变量的定义和初始化通常有下面两种方法。

方法 1:
```
unsigned char a;
unsigned char *p=&a;//在这里"*"只表示变量 p 是一个指针变量,并没有取值的意思
```

方法 2:
```
unsigned char a;
unsigned char *p;
p=&a;
```

2.3.2 指向数组元素的指针

指向数组元素的指针本质上还是变量的指针,理解了指针变量,再理解指向数组元素的指针就不会太难了,我们直接通过程序来讲解。

```
unsigned char num[10]={0,1,2,3,4,5,6,7,8,9};
unsigned char *p;
p=&num[0];//指针 p 指向了数组的 0 号元素, 也就是 p 指向了该数组的首地址, p
         //的值就是 num[0]的地址, 其他元素也同理
p=p +1;//经过第一步运算, p 已经指向了 num[0], 即*p 等于 num[0],此时 p 再
       //加 1 就表示 p 指向了 num[1]
p=p +8;//经过前两步的运算, p 已经指向了 num[1], 即*p 等于 num[1],此时 p
       //再加 8 就表示 p 指向了 num[9]
```

上述程序是通过取地址符来获得数组的首地址,也就是 num[0]的地址,但还有另一种方法可以获得数组的首地址。

```
unsigned char num[10]={0,1,2,3,4,5,6,7,8,9};
unsigned char *p;
p=num;   //因为数组的名字就代表了数组的首地址, 所以可以这样写
```

既然 num 代表数组的首地址,并且已经将数组的首地址赋给了 p,那么 p 是不是也可以像数组那样直接使用 p[i]来得到数组某个元素的值呢?答案是肯定的,即 p[i]= * (p + i) =*(num + i) =num[i]。

2.4 科研训练案例 1 发光二极管流水灯

(1)任务要求

① 利用 Proteus ISIS 与 Keil μVision5 进行单片机应用系统的仿真调试。

② 电路原理图如图 2-8 所示,在单片机 STC89C52 的 P0 口接有 8 个发光二极管 D1~D8,振荡器频率为 12MHz。当发光二极管的阳极出现蓝色方块时,表示点亮;当发光二极管的阳极出现红色方块时,表示熄灭,要求在 1s 内实现 D1~D8 的一次流水灯。

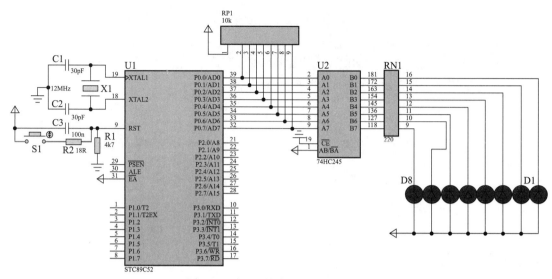

图 2-8　科研训练案例 1 电路原理图

（2）实现思路提示

延时可以用空循环来实现，也可以用定时器来实现。由于振荡器频率为 12MHz，所以 1 个机器周期为 1μs。延时 1s 需要空循环 1000000 次；延时 50ms 需要空循环 500000 次。

（3）实现过程

① 绘制电路原理图。在 Proteus 8 中绘制如图 2-8 所示的电路原理图。

② 编写源程序。

```c
/*
*流水灯右移*
*/
#include <reg52.h>
typedef unsigned char uint8;
typedef unsigned int uint16;

void delay(uint16 x)
{
    uint16 i,j;
    for(i=x;i>0;i--)
        for(j=114;j>0;j--);
}
void main()
{
    uint8 j=0;
    while(1)
    {
        P0=~(0x80 >> j++);
        delay(200);
        if(j==8)
```

```
        {
            j=0;
        }
    }
}
```

③ 生成 HEX 文件。在 Keil μVision5 中创建工程，将 C 文件添加到工程中，编译、链接，生成 HEX 文件。

④ 仿真运行。在 Proteus 8 中，打开设计文件，将 HEX 文件装入单片机中，启动仿真，观察系统运行效果是否符合设计要求。

本章小结

本章主要讲述了单片机 C51 语言基础知识。合法的标识符由字母、数字和下划线组成，并且第一个字符必须为字母或下划线。C51 语言的标识符可以分为 3 类：关键字、预定义标识符和自定义标识符。在 C51 语言中，可以使用整型常量、实型常量、字符型常量。数据类型是指存储变量所需的字节数以及变量的取值范围，即变量的内在存储方式。为了更加有效地利用 51 系列单片机的内部资源，C51 语言扩展了 4 种基本数据类型，即 bit、sbit、sfr、sfr16。凡是合法的表达式都有一个值，即运算结果。当不同的运算符出现在同一表达式中时，运算的先后次序取决于运算符优先级的高低以及运算符的结合性。使用指针可以更加方便模块之间参数的传递。

本章节中还给出了科研训练案例 1 的任务要求及实现过程。

思考与练习

1. 概念题

（1）C51 语言对标识符有哪些规定？

（2）C51 语言中标识符分为几类？在使用时应该注意哪些事项？

（3）C51 语言中新增的数据类型有哪些？其功能是什么？

（4）如何使用存储器指针？

2. 操作题

基于图 2-8，要求发光二极管的点亮次序（其中 D1D8 表示同时点亮发光二极管 D1、D8，依此类推）如下：

（1）D1D8→D2D7→D3D6→D4D5，时间间隔为 50ms。

（2）D4D5→D3D6→D2D7→D1D8，时间间隔为 50ms。应如何修改程序？

第3章 51系列单片机及最小系统

51 系列单片机是对目前所有兼容 Intel 8051 指令系统的单片机的统称。该系列单片机是在 20 世纪 80 年代美国 Intel 公司生产的 MCS-51 系列单片机基础上发展而来的，广泛应用于工业测控系统中。除了 Intel 公司之外，目前很多公司都有 51 系列的兼容机型推出，如 Philips、Dallas、Atmel、Siemens（Infineon）、STC 和 AMD 公司等。其中，STC 公司的 STC89 系列单片机为目前应用广泛的 8 位单片机之一，本书所使用的单片机型号为 STC89C52。STC89C52 单片机是 STC 推出的新一代高速、低功耗、超强抗干扰、超低价的单片机，指令代码完全兼容传统 8051 单片机，12 个时钟每机器周期和 6 个时钟每机器周期可以任意选择；8KB 的系统内可编程 Flash 存储器、十万次以上擦写周期、全静态操作；0～33Hz、3 级加密程序存储器、32 个可编程 I/O 口、3 个 16 位定时器/计数器、8 个中断源、全双工 UART 串行通道、低功耗空闲和掉电模式、掉电后中断可唤醒、"看门狗"定时器、双数据指针、掉电标识符。

3.1 STC89 系列单片机的型号及引脚

部分 STC89 系列单片机型号一览表见表 3-1。

采用 DIP-40、LQFP-40、PLCC-44、PQFP-44 封装（RC/RD+/AD 系列 PLCC、PQFP 有 P4 口，RC/RD+系列 P4 口地址为 E8H，AD 系列 P4 口地址为 C0H）。RC/RD+系列 PLCC、PQFP 多两个外部中断，即 P4.2/$\overline{\text{INT3}}$、P4.3/$\overline{\text{INT2}}$。P4 口均可位寻址。5V：3.8～5.5V，乃至 3.4V（24MHz 以下）；3V：2.4～3.6V，乃至 2.0V，仅针对 RC/RD+系列。STC89LE516AD、STC89LE58AD、STC89LE54AD、STC89LE52AD、STC89LE51AD 系列单片机，带高速 A/D 转换。

表 3-1　部分 STC 89 系列单片机型号一览表

型号	最高时钟频率/MHz		Flash 存储器/KB	RAM/B	降低 EMI	看门狗	双倍速	P4 口	ISP	IAP	EEP ROM /KB	A/D
	5V	3V										
STC89C51RC	0～80		4	512	√	√	√	√	√	√	2	
STC89C52RC	0～80		8	512	√	√	√	√	√	√	2	
STC89C53RC	0～80		15	512	√	√	√	√	√	√		
STC89C54RD+	0～80		16	1280	√	√	√	√	√	√	16	
STC89C55RD+	0～80		20	1280	√	√	√	√	√	√	16	
STC89C58RD+	0～80		32	1280	√	√	√	√	√	√	16	
STC89C516RD+	0～80		64	1280	√	√	√	√	√	√		

续表

型号	最高时钟频率/MHz		Flash 存储器/KB	RAM/B	降低 EMI	看门狗	双倍速	P4 口	ISP	IAP	EEP ROM /KB	A/D
	5V	3V										
STC89LE51RC		0~80	4	512	√	√	√	√	√	√	2	
STC89LE52RC		0~80	8	512	√	√	√	√	√	√	2	
STC89LE53RC		0~80	15	512	√	√	√	√	√	√		
STC89LE54RD+		0~80	16	1280	√	√	√	√	√	√	16	
STC89LE58RD+		0~80	32	1280	√	√	√	√	√	√	16	
STC89LE516RD+		0~80	64	1280	√	√	√	√	√	√		
STC89LE516AD	0~90，1.9~3.6V		64	512	√	√	√	√	√	√		√

　　51 系列单片机的引脚大部分是 40 引脚，一般封装方式有方型封装（LQFP）和双列直插式封装（DIP）。方型封装常为 CHMOS 型器件使用，双列直插式封装常为 HMOS 型器件使用，可插在 40 引脚的 DIP 插座或插在面包板上，单片机封装和引脚分配如图 3-1 所示。

　　STC89 系列单片机引脚分为电源、时钟、控制和 I/O 口四类。

（1）电源

VCC（40 脚）：典型值+5V。

VSS（20 脚）：接低电平。

（2）时钟

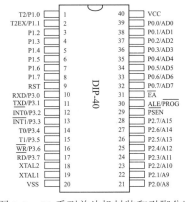

图 3-1　51 系列单片机封装和引脚分配

　　XTAL1（19 脚）和 XTAL2（18 脚）：51 系列单片机内部有一个用于构成振荡器的高增益反相放大器，引脚 XTAL1 和 XTAL2 分别是反相放大器的输入端和输出端。通常有内部时钟和外部时钟两种方式。内部时钟方式是由放大器与作为反馈元件的片外晶体或陶瓷谐振器一起构成一个自激振荡器，如图 3-2（a）所示。采用外部时钟方式时需在 XTAL2 上外接时钟信号，XTAL1 接地，此种方式应用于多片单片机组成的系统中，如图 3-2（b）所示。

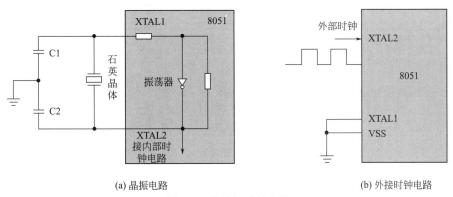

(a) 晶振电路　　　　　　　　　　　　　　　　(b) 外接时钟电路

图 3-2　单片机时钟电路

（3）控制

RST（9 脚）：RST 是复位信号输入端，可使 STC89C52 单片机处于复位的工作状态（初始化）。

STC89C52单片机与其他微处理器一样，在开机时都需要复位，以使中央处理器（CPU）和系统的各个部件都处于一个确定的初始状态，并从这个状态开始工作。STC89C52单片机的RST引脚是复位信号的输入端，高电平有效，其有效电平应维持至少24个时钟周期。例如：若51系列单片机的时钟频率为12MHz，则复位脉冲宽度应至少为2μs，才可以保证可靠复位。

单片机的复位方式有上电复位和按键复位两种。图3-3（a）所示是上电复位电路，电源VCC刚接上时，电容相当于瞬间短路，即电源VCC电压都加在电阻R1上，因此在单片机RST引脚上出现高电平，随着电容C逐渐充电，电阻R1上的电压开始下降，单片机RST引脚变成了低电平。

图3-3（b）所示为按键复位电路，它在上电复位电路的基础上增加了一个按键KEY和一个电阻R，既能实现上电复位又能实现按键复位。当按下按键KEY后，电容C通过电阻R放电，同时电源VCC通过电阻R和电阻R1分压，而R比R1小得多，大部分电压降落在R1上，即RST引脚上得到一个高电平从而使单片机复位。

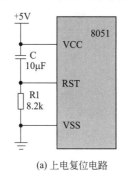
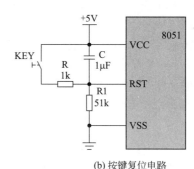

(a) 上电复位电路　　　　　　　　　　　(b) 按键复位电路

图3-3　复位电路

ALE/$\overline{\text{PROG}}$（30脚）：地址锁存允许/编程线。在访问外部存储器时，ALE输出一个高电平，其下降沿用于把P0口输出至片外存储器的低8位地址锁存到地址锁存器。在不访问外部存储器时，单片机自动在ALE上输出频率为1/6振荡频率的周期脉冲，可用作外部时钟源，从而可以利用该引脚测试STC89C52单片机是否正常工作。

（4）I/O口

STC89C52单片机共有5个并行的I/O口，分别是P0口、P1口、P2口、P3口和P4口。其中，P0~P3口由8个引脚组成，P4口仅有7个引脚。但由于每个I/O口的结构各不相同，因此在用途上差异较大，都具有第二功能，分别如下。

P0口（32~39脚）：当对外部存储器进行读/写操作时，P0口作为低8位地址和8位数据的分时传输线。

P1口（1~8脚）：P1.0可用作定时器2的输入，P1.1可用作定时器2的触发控制。

P2口（21~28脚）：当对外部存储器进行读/写操作时，P2口作为高8位地址传输线。

P3口（10~17脚）：P3口除具有普通的输入/输出功能外，其第二功能如表3-2所示。

表3-2　P3口的第二功能

P3口	第二功能
P3.0	RXD（串行口输入端）
P3.1	TXD（串行口输出端）
P3.2	$\overline{\text{INT0}}$（外部中断0输入端）

P3 口	第二功能
P3.3	$\overline{INT1}$（外部中断 1 输入端）
P3.4	T0（定时器 0 外部输入端）
P3.5	T1（定时器 1 外部输入端）
P3.6	$\overline{WR}$（片外数据存储器写控制）
P3.7	$\overline{RD}$（片外数据存储器读控制）

P4 口（引脚分散）：P4 口除具有普通的输入/输出功能外，其第二功能如表 3-3 所示。

表 3-3 P4 口的第二功能

P4 口	第二功能
P4.2	外部中断 3，下降沿中断或低电平中断
P4.3	外部中断 2，下降沿中断或低电平中断
P4.4	外部程序存储器选通信号输出引脚
P4.5	地址锁存允许信号输出引脚/编程脉冲输入引脚
P4.6	内外存储器选择引脚

3.2 STC89C52 单片机最小系统

最小系统是单片机工作的必备基本条件，包括时钟电路、复位电路、电源电路。时钟电路分别在 18 和 19 脚之间接一个石英晶体及两个电容，石英晶体典型值为 12MHz 或 11.0592MHz，单片机晶振电路中的电容常选用的是 30pF 的瓷片电容或者 22pF 的瓷片电容或者 20pF 的瓷片电容。如果片内无 ROM（8031），EA 必须接地；如果单片机访问内部程序存储器，EA 接+5V。单片机最小系统如图 3-4 所示。

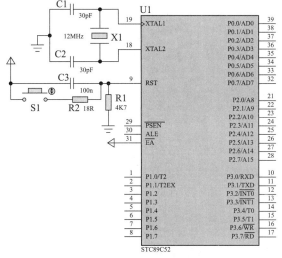

图 3-4 单片机最小系统

3.3 STC89 系列单片机的内部结构

单片机（Single-Chip Microcomputer）是计算机的进一步微型化，即把组成计算机的各个功能部件集成在一块芯片中，构成一个完整的微型计算机系统。STC89 系列单片机中包含中央处理器（CPU）、程序存储器（ROM）、数据存储器（RAM/SFR）、定时器/计数器、UART 串口、I/O接口、看门狗等模块。STC89 系列单片机几乎包含了数据采集和控制中所需的所有单元模块，可称得上一个片上系统。

STC89 系列单片机的内部结构框图如图 3-5 所示。

① 中央处理器（8 位 CPU），用于产生控制信号，完成数据的传输和数据的算术逻辑运算；

② 内部时钟，提供单片机工作时序，时钟频率范围为 0～35MHz；

③ 程序存储器（ROM），用于存放程序、一些原始数据和表格；

④ 数据存储器（RAM/SFR），用于存放可以读写的数据，如运算的中间结果、最终结果以及欲显示的数据；

⑤ 5 个 8 位并行 I/O 口（P0～P4 口），既可用作输入，也可用作输出；

⑥ 一个全双工 UART（通用异步接收发送器）串行 I/O 口，用于实现单片机之间或单片机与微机之间的串行通信；

⑦ 16 位的定时器/计数器；

⑧ 外部中断系统，下降沿中断或低电平触发中断。

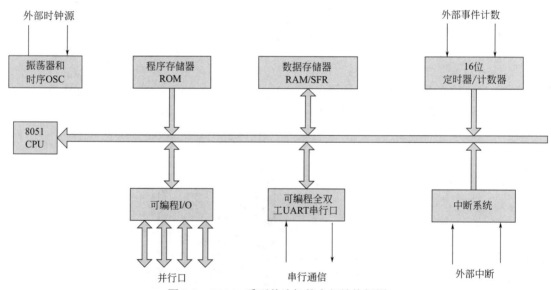

图 3-5　STC89 系列单片机的内部结构框图

STC89 系列单片机是以 8051 为核心电路发展起来的，它们都具有 8051 的基本结构和软件特征。STC89C52 单片机内部结构框图如图 3-6 所示。为了分析基本工作原理，现将图中各功能部件划分为 CPU、存储器、I/O 端口、定时器/计数器和中断系统五部分介绍。

3.3.1 CPU

中央处理器（CPU）由运算器和控制器组成，同时还包括中断系统和部分特殊功能寄存器，其决定了单片机的主要功能/性能。

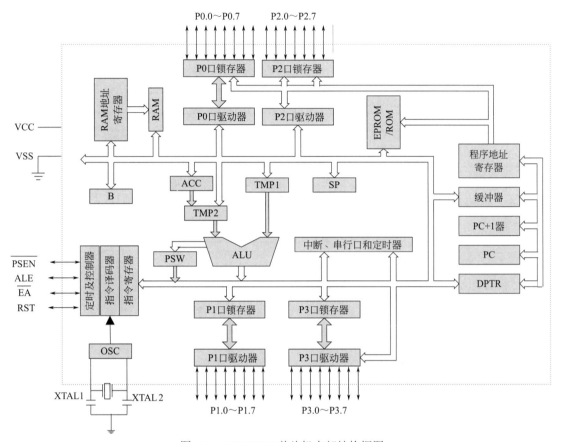

图 3-6　STC89C52 单片机内部结构框图

（1）运算器

运算器是计算机的运算部件，完成算术、逻辑运算和数据传送等操作，由算术逻辑单元（ALU）、累加器（ACC）、寄存器（B）、暂存寄存器（TMP）和程序状态字寄存器（PSW）等组成。

① ALU 用来完成二进制数的加、减、乘、除运算和布尔代数的逻辑运算，其运算结果影响程序状态字寄存器（PSW）的有关标志位。

② 累加器（ACC）是 CPU 中使用最频繁的寄存器（在指令中一般写为 A），它既可提供运算的操作数，也可用来存放运算的结果。

③ 暂存寄存器（TMP）用来暂存由数据总线或通用寄存器送来的操作数，并把它当作另一个操作数。

④ 寄存器（B）可用作通用寄存器，此外，在做乘、除运算时，既提供操作数，又存放运算结果。

⑤ 程序状态字寄存器（PSW）用来存放指令执行后的状态信息，以供程序查询。

掌握 PSW 各位的含义是十分重要的，其格式如下：

位序	D7	D6	D5	D4	D3	D2	D1	D0
位标志	CY	AC	F0	RS1	RS0	OV	—	P

CY：进位标志位。在进行加、减运算时，如果运算结果的最高位有进位或借位，CY 为 1，否则为 0。当执行位操作指令时，CY 作为位累加器。

AC：辅助进位标志。在进行加、减运算时，如果低四位向高四位有进位或借位，AC 为 1，否则为 0。当进行 BCD 码运算调整时，AC 作为判别位。

F0：用户标志位。用户可根据自己的需要对 F0 赋以一定的含义，进行置位或复位，作为软件标志。

RS0 和 RS1：工作寄存器组选择。用户通过软件对 RS0 和 RS1 置位或复位，对 4 组工作寄存器进行选择，RS1 和 RS0 与工作寄存器组的对应关系如表 3-4 所示。

表 3-4　RS1 和 RS0 与工作寄存器组的对应关系

RS1	RS0	工作寄存器组	片内 RAM 地址
0	0	第 0 组	00H～07H
0	1	第 1 组	08H～0FH
1	0	第 2 组	10H～17H
1	1	第 3 组	18H～1FH

OV：溢出标志位。当两个单字节有符号数进行运算时，若运算结果超出 $-128 \sim +127$ 范围，OV 为 1，表示有溢出，否则为 0。

D1：保留位。8051 此位无意义，而 8052 与 F0 相同，作为用户标志位。

P：奇偶校验位。每执行一条指令后，用累加器 A 中含"1"的个数决定 P 值，如含"1"的个数为奇数，P 为 1，否则为 0。

（2）控制器

控制器是 CPU 的神经中枢，对指令进行逐条译码，译成各种形式的控制信号，这些信号与单片机时钟振荡器产生的时钟脉冲在定时与控制电路中结合，形成各种操作所需的内部和外部控制信号，协调各部分的工作。它由定时控制逻辑电路、指令寄存器（Register）、指令译码器、程序计数器（Program Counter，PC）、数据指针寄存器（DPTR）、堆栈指针（Stack Pointer，SP）等组成。

① PC：存放要执行的下一条指令的地址，是由 16 位（8+8）寄存器构成的计数器，有自动加 1 的功能。单片机程序按顺序一条条取出指令来执行，通过 PC 的内容控制程序的执行顺序。

② DPTR：数据指针寄存器存放 16 位数据存储器的地址，由高位字节 DPH 和低位字节 DPL 组成，通常在访问外部数据存储器（容量 64KB）时进行读写操作。

③ SP：专门用来存放堆栈的栈顶地址的 8 位寄存器，能自动加 1 或减 1。51 系列单片机的堆栈位于片内 RAM 的 00H～7FH 中，复位后 SP 初始化为 07H，也可以改变，即重新规定栈顶的位置。堆栈中数据的操作就像货栈中堆放货物一样，先入栈的放在下面，后入栈的放在上面。出栈的顺序正好与入栈的顺序相反，后入栈的先出来，先入栈的后出来，即符合"先进后出"的原则。

3.3.2　存储器

STC89C52 单片机存储器采用"哈佛"结构，即在物理结构上有片外程序存储器、片内程序存储器、片外数据存储器和片内数据存储器 4 个独立的存储空间。但在逻辑上则采用相同的地址空间，STC89C52 单片机有三个地址存储空间，如图 3-7 所示。

① 片内外统一编址的 64KB 的程序存储器地址空间 0000H～FFFFH；

② 256B 片内数据存储器的地址空间 00H～FFH；

③ 64KB 片外数据存储器的地址空间 0000H～FFFFH。

在访问三个不同的逻辑空间时，利用不同的指令和寻址方式，产生不同的存储器空间的选通信号。

（1）程序存储器（ROM）

STC89C52 单片机的程序存储器用于存放程序和表格常数，具有 64KB 程序存储器寻址空间。无论 8031 还是 8051，都可外扩 ROM，但片内和片外的总容量不能超过 64KB（2^{16}B）。CPU 用 $\overline{EA}$ 控制信号区分片内 ROM 和片外 ROM。8031 单片机没有 ROM，$\overline{EA}$ 必须接地，表示只使用片外 ROM。当 $\overline{EA}$ 接高电平时，如果程序计数器的值没有超过片内 ROM 空间（8051 和 8751）0FFFH，则使用片内的 ROM，如果超过片内空间，则自动使用片外 ROM。

（2）数据存储器（RAM）

STC89C52 单片机的数据存储器用来存放操作数、操作结果和实时数据，也称为随机存取数据存储器。数据存储器分为片内 RAM 和片外 RAM，如果片内的 RAM 容量不能满足控制需要，可外扩 RAM，但外扩的 RAM 最大容量不能超过 64KB，地址范围为 0000H～FFFFH。

STC89C52 片内 RAM 共有 256 个字节的用户数据存储单元（不同的型号容量有所不同），地址范围为 00H～FFH。通常片内数据存储器在物理和逻辑上都分为两个地址空间，即 00H～7FH 低 128 单元和 80H～FFH 高 128 单元。其中，高 128 单元与特殊功能寄存器（SFR）的物理地址产生冲突，因此低 128 单元才是真正的数据存储器。00H～7FH 地址空间是直接寻址区，该区域按不同的功能分为工作寄存器区、位寻址区和便栈区（堆栈与数据缓冲区），如图 3-7 所示。

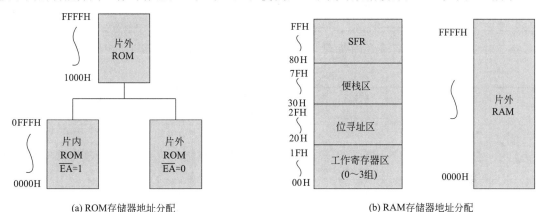

(a) ROM存储器地址分配　　　　　　　　(b) RAM存储器地址分配

图 3-7　51 存储器地址分配

① 工作寄存器区（00H～1FH）。51 系列单片机共有 4 个工作寄存器组，每个工作寄存器组有 8 个寄存器 R0～R7，用来存放操作数及中间结果。在任一时刻，CPU 通过程序状态字寄存器（PSW）中的 RS1、RS0 位的状态组合选择其中一组使用。

② 位寻址区（20H～2FH）。位寻址区是 51 系列单片机布尔处理器的存储空间，进行 1 位二进制操作，也可以作为一般的 RAM 单元使用，进行字节操作。位寻址区有 16 个单元，共有 16×8 位=128 位，位地址为 00H～7FH，如表 3-5 所示。

表 3-5　片内 RAM 位寻址区的位地址

单元地址	D7	D6	D5	D4	D3	D2	D1	D0
2FH	7FH	7EH	7DH	7CH	7BH	7AH	79H	78H
2EH	77H	76H	75H	74H	73H	72H	71H	70H
2DH	6FH	6EH	6DH	6CH	6BH	6AH	69H	68H
2CH	67H	66H	65H	64H	63H	62H	61H	60H

单元地址	D7	D6	D5	D4	D3	D2	D1	D0
2BH	5FH	5EH	5DH	5CH	5BH	5AH	59H	58H
2AH	57H	56H	55H	54H	53H	52H	51H	50H
29H	4FH	4EH	4DH	4CH	4BH	4AH	49H	48H
28H	47H	46H	45H	44H	43H	42H	41H	40H
27H	3FH	3EH	3DH	3CH	3BH	3AH	39H	38H
26H	37H	36H	35H	34H	33H	32H	31H	30H
25H	2FH	2EH	2DH	2CH	2BH	2AH	29H	28H
24H	27H	26H	25H	24H	23H	22H	21H	20H
23H	1FH	1EH	1DH	1CH	1BH	1AH	19H	18H
22H	17H	16H	15H	14H	13H	12H	11H	10H
21H	0FH	0EH	0DH	0CH	0BH	0AH	09H	08H
20H	07H	06H	05H	04H	03H	02H	01H	00H

③ 堆栈与数据缓冲区（30H～7FH）。堆栈与数据缓冲区是用于存放用户数据或作堆栈区使用，对这部分区域的使用不作任何规定和限制，共有 80 个单元。

片内高 128 字节地址空间供给专用寄存器使用，因寄存器的功能已作专门规定，故称为特殊功能寄存器（Special Function Register，SFR），51 系列单片机有 21 个 SFR，如表 3-6 所示。用户可按字节对 SFR 进行操作，也可对带有 "*" 的 11 个 SFR 中的每一位进行位寻址。

表 3-6　特殊功能寄存器

序号	寄存器符号	名称	地址	D7H	D6H	D5H	D4H	D3H	D2H	D1H	D0H
1	*B	B 寄存器	F0H	F7H	F6H	F5H	F4H	F3H	F2H	F1H	F0H
2	*ACC	累加器	E0H	E7H	E6H	E5H	E4H	E3H	E2H	E1H	E0H
3	*PSW	程序状态字寄存器	D0H	D7H	D6H	D5H	D4H	D3H	D2H	D1H	D0H
4	*IP	中断优先级寄存器	B8H	—	—	—	BCH	BBH	BAH	B9H	B8H
5	*P3	P3 口锁存器	B0H	B7H	B6H	B5H	B4H	B3H	B2H	B1H	B0H
6	*IE	中断允许寄存器	A8H	AFH	AEH	ADH	ACH	ABH	AAH	A9H	A8H
7	*P2	P2 口锁存器	A0H	A7H	A6H	A5H	A4H	A3H	A2H	A1H	A0H
8	SBUF	串行口数据缓冲器	99H								
9	*SCON	串行口控制寄存器	98H	9FH	9EH	9DH	9CH	9BH	9AH	99H	98H
10	*P1	P1 口锁存器	90H	97H	96H	95H	94H	93H	92H	91H	90H
11	TH1	T1 寄存器高 8 位	8DH								
12	TH0	T0 寄存器高 8 位	8CH								
13	TL1	T1 寄存器低 8 位	8BH								
14	TL0	T0 寄存器低 8 位	8AH								
15	TMOD	定时器/计数器工作方式寄存器	89H								
16	*TCON	定时器/计数器控制寄存器	88H	8FH	8EH	8DH	8CH	8BH	8AH	89H	88H
17	PCON	电源控制寄存器	87H								
18	DPH	数据指针高 8 位	83H								
19	DPL	数据指针低 8 位	82H								
20	SP	栈指针寄存器	81H								
21	*P0	P0 口锁存器	80H	87H	86H	85H	84H	83H	82H	81H	80H

3.3.3 I/O 端口

STC89C52 单片机所有 I/O 口均（新增 P4 口）有 4 种配置：准双向口（标准 8051 输出模式）输出、推挽输出、仅为输入（高阻）和开漏输出。STC89C52 单片机的 P1/P2/P3/P4 上电复位后为准双向口（传统 8051 的 I/O 口）模式，P0 口上电复位后是开漏输出模式。P0 口作为总线扩展用时，不用加上拉电阻，作为 I/O 口用时，需加 4.7～10kΩ 上拉电阻。5VSTC89C52 单片机 P0 口的灌电流最大为 12mA，其他 I/O 口的灌电流最大为 6mA。

（1）准双向口输出配置

准双向口可用作输出和输入功能，而不需重新配置口线输出状态。这是因为当口线输出为 1 时驱动能力很弱，允许外部装置将其拉低。当引脚输出为低时，它的驱动能力很强，可吸收相当大的电流。准双向口有 3 个上拉晶体管，以适应不同的需要。

在 3 个上拉晶体管中，有 1 个上拉晶体管称为"弱上拉"，当口线寄存器为 1 且引脚本身也为 1 时打开。此晶体管提供基本驱动电流使准双向口输出为 1。如果一个引脚输出为 1，而由外部装置下拉到低时，"弱上拉"关闭而"极弱上拉"维持开状态，为了把这个引脚强拉为低，外部装置必须有足够的灌电流能力使引脚上的电压降到门槛电压以下。

第 2 个上拉晶体管称为"极弱上拉"，当口线锁存器为 1 时打开。当引脚悬空时，这个极弱的上拉源产生很弱的上拉电流将引脚上拉为高电平。

第 3 个上拉晶体管称为"强上拉"。当口线锁存器由 0 到 1 跳变时，这个晶体管用来加快准双向口由逻辑 0 到逻辑 1 转换。当发生这种情况时，"强上拉"打开约 2 个机器周期以将引脚迅速地上拉到高电平。

准双向口输出配置如图 3-8 所示。

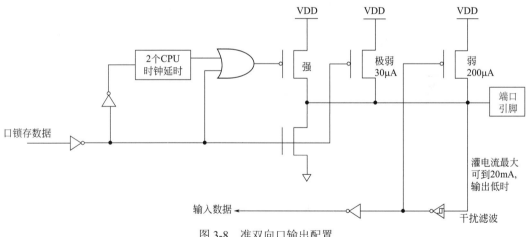

图 3-8　准双向口输出配置

（2）推挽输出配置

推挽输出的上拉结构与开漏输出以及准双向口输出的上拉结构相同，但当锁存器为 1 时，提供持续的"强上拉"。推挽输出一般用于需要更大驱动电流的情况下。推挽输出配置如图 3-9 所示。

（3）仅为输入（高阻）配置

仅为输入（高阻）配置如图 3-10 所示。仅为输入（高阻）时，不提供吸入 20mA 电流的能力。输入口带有一个施密特触发输入以及一个干扰滤波电路。

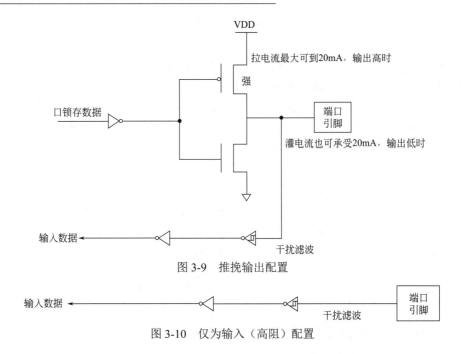

图 3-9　推挽输出配置

图 3-10　仅为输入（高阻）配置

（4）开漏输出配置

开漏输出配置如图 3-11 所示。当口线锁存器为 0 时，开漏输出关闭所有上拉晶体管。当作为一个逻辑输出时，这种配置方式必须有外部上拉，一般通过电阻外接到 VDD。这种方式的上拉与准双向口输出相同。开漏端口带有一个施密特触发输入以及一个干扰滤波电路。

图 3-11　开漏输出配置

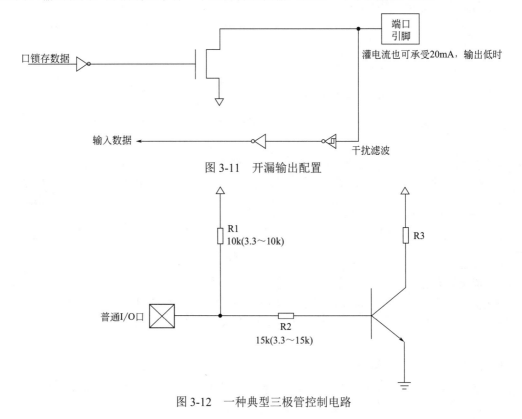

图 3-12　一种典型三极管控制电路

如果用"弱上拉"控制，建议加上拉电阻 R1（3.3～10kΩ），如图 3-12 所示，如果不加上拉电阻 R1，建议 R2 的值在 15kΩ 以上，或用推挽输出。

3.3.4　定时器/计数器

STC89C52 单片机内部设有两个 16 位的可编程定时器/计数器 T1 和 T0，均属于特殊功能寄存器。它们分别由两个 8 位的寄存器构成，T0 由 TH0、TL0 构成，T1 由 TH1、TL1 构成。其中 TH0、TH1 为高 8 位，TL0 和 TL1 为低 8 位，用于存放定时或计数初值，每个寄存器均可单独访问。

T0 和 T1 工作模式有定时器和计数器两种，可通过指令对 T0、T1 赋初值来确定定时时间或计数数值。每种模式下又分为若干工作方式，对其工作模式、工作方式和启动方式的控制通过定时器/计数器方式寄存器（TMOD）和定时器/计数器控制寄存器（TCON）完成。它们的具体使用方式，在以后章节中有详细表述。

3.3.5　中断系统

单片机的中断是指 CPU 暂时停止原程序执行转而为中断源服务（执行中断服务程序），并在服务完成后自动返回原程序执行的过程。中断系统是处理上述中断过程所需的电路，由中断源、中断控制器（IE）和中断优先级控制器（IP）组成。

STC89C52 单片机有 8 个中断源，分为内部中断源和外部中断源，外部中断源有 4 个，通常指外部设备；内部中断源有 4 个，3 个定时器/计数器中断和 1 个串行口中断。单片机能处理 8 个中断源发出的中断请求，根据中断控制器（IE）打开被允许向 CPU 申请的中断，关闭被禁止的中断，并通过中断优先级控制器（IP）对 8 个中断源中断请求优先级进行设置，对 8 个中断请求信号进行排队并响应其中优先级最高的中断请求。

3.3.6　单片机时序

STC89C52 单片机是一个比较复杂的电路，要使这个比较复杂的电路有条不紊地工作，必须有一个指挥员统一口令、统一指挥，这个统一口令即单片机的时钟，统一指挥即按一定节拍操作的时序，即时序电路是在时钟脉冲推动下工作的。时钟电路用于产生单片机工作所需的时钟信号，单片机是在一定的时序控制下工作的，时钟是时序的基础。

在 XTAL1 和 XTAL2 之间接一个石英晶体及两个电容，电容通常选择 10～30pF 瓷片电容，晶振（晶体振荡器）经验值为 6MHz 和 12MHz，为了保证振荡器工作的稳定性，提高系统的抗干扰能力，晶振和电容应尽量靠近芯片。晶体振荡器的振荡信号从 XTAL2 端输出到片内的时钟发生器上，如图 3-13 所示。内部时钟发生器实质上是一个二分频的触发器，输出为 P1 节拍和 P2 节拍的状态时钟信号，同时时钟发生器还提供 ALE 时钟信号，周期为振荡周期的 6 倍。

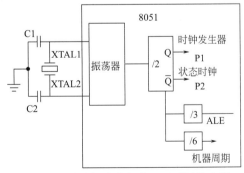

图 3-13　单片机片内振荡器及时钟发生器

时钟信号的周期称为机器状态时间 S，包括 P1 和 P2 两个节拍，它是振荡周期的 2 倍。在每个时钟信号周期的前半周期，P1信号有效，在每个时钟信号周期的后半周期，P2信号有效，CPU就以P1和P2为基本节拍指挥51系列单片机各个部件协调地工作。

51系列单片机的机器周期是振荡周期的12倍，分为6个S状态：S1～S6，每个状态又分为两个节拍（P1和P2），因此一个机器周期可以表示为S1P1，S1P2，S2P1，S2P2，…，S6P1，S6P2。当采用12MHz的晶体振荡器时，一个机器周期为1μs。51系列单片机执行一条指令所需要的时间是以机器周期数为单位，包含机器周期的个数不同，执行指令所需的时间也就不同。51系统中，有单周期指令、双周期指令和四周期指令三种，四周期指令只有乘、除两条指令。指令的运算速度和它的机器周期数直接相关，机器周期数较少则执行速度快。

单片机执行任何一条指令都分为取指令阶段和执行指令阶段，如图3-14所示为几种典型的取指和执行周期时序。从图3-14可以看出，ALE信号引脚上出现的信号是周期性的，在一个机器周期内两次有效，第一次在S1P2和S2P1期间，第二次在S4P2和S5P1期间，ALE信号的高电平宽度为一个S状态。每出现一次ALE信号，CPU就可以进行一次取指操作。

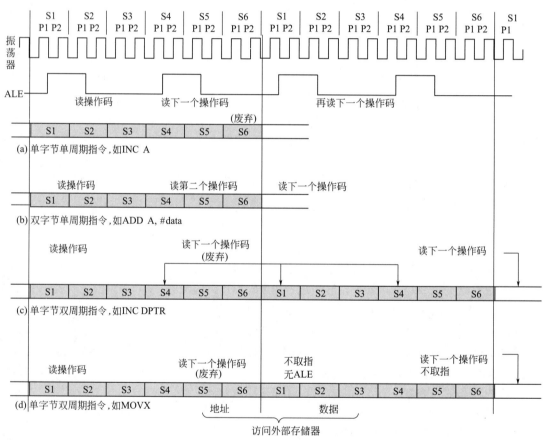

图3-14　单片机的取指、执行周期时序

图3-14（a）、（b）所示分别为单字节单周期指令的时序和双字节单周期指令的时序，两者指令的执行始于S1P2，此时操作码被锁存在指令寄存器内。若是双字节指令，则同一机器周期的S4读第2个字节。如果是单字节指令，在S4仍做读操作，但无效，且程序计数器（PC）不加1。两个指令都在S6P2结束时完成操作。

图3-14（c）所示是单字节双周期指令的时序，在两个机器周期内进行4次读操作，因是单字

节指令，故后面 3 次读操作无效。

图 3-14（d）所示是 CPU 访问片外数据存储器"MOVX"指令的时序，它是一条单字节双周期指令，在第一个机器周期 S5 送出片外数据存储器的地址后，进行读/写数据的操作。在此期间无 ALE 信号，所以在第二机器周期不产生取指操作。

3.4 科研训练案例 2 模拟交通灯

（1）任务要求

① 利用 Proteus ISIS 与 Keil μVision5 进行单片机应用系统的仿真调试。

② 电路原理图如图 3-15 所示，以单片机 STC89C52 为主控芯片，根据交通规则，实现模拟交通灯功能。

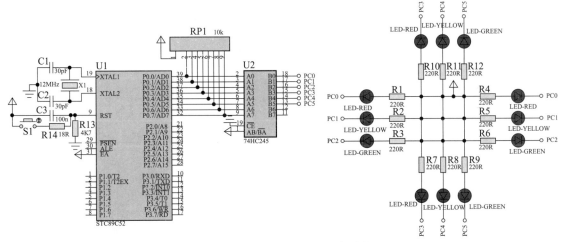

图 3-15 模拟交通灯电路原理图

（2）实现过程

① 绘制电路原理图。在 Proteus 8 中绘制如图 3-15 所示的电路原理图。

② 编写源程序。

```
/*
*模拟交通灯*
*/
#include <reg51.h>
typedef unsigned char uint8;
typedef unsigned int uint16;

void delay(uint16 x)
{
    uint16 i,j;
    for(i=x;i > 0;i--)
        for(j=114;j > 0;j--);
}
```

```c
#define   RED_EW_ON()    P0 &=~0x01//东西方向指示灯开
#define   YELLOW_EW_ON()    P0 &=~0x02
#define   GREEN_EW_ON()    P0 &=~0x04

#define   RED_EW_OFF()    P0 |=  0x01//东西方向指示灯关
#define   YELLOW_EW_OFF()    P0 |=  0x02
#dcfinc   GREEN_EW_OFF() P0 |=  0x04

#define   RED_SN_ON()    P0 &=~0x08//南北方向指示灯开
#define   YELLOW_SN_ON() P0 &=~0x10
#define   GREEN_SN_ON()  P0 &=~0x20

#define   RED_SN_OFF()    P0 |=0x08//南北方向指示灯关
#define   YELLOW_SN_OFF()    P0 |=0x10
#define   GREEN_SN_OFF() P0 |=0x20

#define   YELLOW_EW_BLINK() P0 ^=0x02//东西方向黄灯闪烁
#define   YELLOW_SN_BLINK() P0 ^=0x10//南北方向黄灯闪烁

uint8 Flash_Count=0, Operation_Type=1;//闪烁次数, 操作类型变量

void Traffic_Light()//交通灯切换子程序
{
    switch (Operation_Type)
    {
        case 1://东西方向绿灯与南北方向红灯亮
                RED_EW_OFF();YELLOW_EW_OFF();GREEN_EW_ON();
                RED_SN_ON();YELLOW_SN_OFF();GREEN_SN_OFF();
                delay(2000);//延时
                Operation_Type=2;//下一个操作
                break;

        case 2://东西方向黄灯开始闪烁, 绿灯关闭
                delay(120);
                YELLOW_EW_BLINK();
                GREEN_EW_OFF();
                //闪烁 5 次
                if( ++Flash_Count !=10) return;
                Flash_Count=0;
                Operation_Type=3;//下一个操作
                break;

        case 3://东西方向红灯与南北方向绿灯亮
```

```
            RED_EW_ON();YELLOW_EW_OFF();GREEN_EW_OFF();
            RED_SN_OFF();YELLOW_SN_OFF();GREEN_SN_ON();
            //南北方向绿灯亮若干秒后切换
            delay(2000);
            Operation_Type=4;//下一个操作
            break;

    case 4://南北方向红灯开始闪烁
            delay(120);
            YELLOW_SN_BLINK();
            GREEN_SN_OFF();
            //闪烁5次
            if( ++Flash_Count !=10) return;
            Flash_Count=0;
            Operation_Type=1;//回到第一种操作
    }
}

//主程序
void main()
{
    while(1)
    {Traffic_Light();}
}
```

③ 生成 HEX 文件。在 Keil μVision5 中创建工程, 将 C 文件添加到工程中, 编译、链接, 生成 HEX 文件。

④ 仿真运行。在 Proteus 8 中, 打开设计文件, 双击单片机, 选择生成的 HEX 文件, 启动仿真, 观察系统运行效果是否符合设计要求。

本章小结

本章主要讲述了 STC89 系列单片机的型号、引脚、STC89C52 单片机最小系统、STC89 系列单片机的内部结构和组成等内容。分别对 STC89 系列单片机的 CPU、存储器、I/O 端口、定时器/计数器和中断系统五部分进行了详细的介绍。

本章还给出了科研训练案例 2 的任务要求及实现过程。

思考与练习

1. 在 51 系列单片机中, 能够决定程序执行顺序的寄存器是哪一个? 它是不是特殊功能寄存器, 由几位二进制组成?

2. 51 系列单片机有几个存储器空间? 画出它的存储器结构图。

3. 什么是堆栈？51 总堆栈指针（SP）有多少位？作用是什么？单片机初始化后 SP 中内容是什么？

4. P0、P1、P2、P3 和 P4 是特殊功能寄存器吗？作用是什么？

5. 51 系列单片机主要由哪几部分组成？各有什么特点？

6. 51 系列单片机的 $\overline{\text{PSEN}}$ 引脚的作用是什么？

7. 51 系列单片机的 ALE 引脚的作用是什么？不和片外 RAM/ROM 相连时，ALE 引脚上输出的脉冲频率是多少？可以作什么使用？

8. 51 系列单片机 RST 的功能是什么？都有什么复位方式？请画出电路图。

9. 单片机和片外 RAM/ROM 连接时，P0 和 P2 口各传输什么信号？为什么 P0 口需要外接地址锁存器？

第4章 基础外围电路与程序设计

在单片机应用系统中，经常会涉及 LED、数码管、键盘、PWM（脉冲宽度调制）等人机交互设备，如何将它们与单片机的输入/输出端口相连并编程实现特定的功能是单片机应用开发人员必须掌握的基本技术。

4.1 LED

LED（Light-Emitting Diode，发光二极管）是采用半导体材料制成的、能直接将电能转变成光能的发光器件。当 LED 内部通过一定大小的正向电流时，它就会发光，不同 LED 能发出不同颜色的光，常见的有红光、黄光、绿光等（图 4-1），LED 种类的具体划分及相关参数可参见表 4-1。LED 广泛应用于 LED 显示屏、交通信号灯、广告灯、液晶屏背光源等设备。

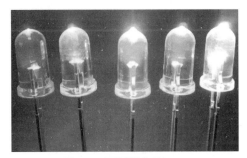

图 4-1　不同颜色的 LED

表 4-1　LED 种类具体划分及相关参数

划分方法及种类		说明
按材料划分	磷化镓（GaP）发光二极管	普通单色发光二极管的发光颜色与发光的波长有关，而发光的波长又取决于制造发光二极管所用的半导体材料 红色发光二极管的波长一般为 650～700nm 橙色发光二极管的波长一般为 610～630nm 黄色发光二极管的波长一般为 585nm 绿色发光二极管的波长一般为 555～570nm
	磷砷化镓（GaAsP）发光二极管	
	砷化铝镓（GaAlAs）发光二极管	
	砷化镓（GaAs）发光二极管	
	磷铟砷化镓（GaAsInP）发光二极管	
按发光颜色划分	红色发光二极管	蓝色发光二极管的压降为 3.0～3.4V 红色发光二极管的压降为 2.0～2.2V 黄色发光二极管的压降为 1.8～2.0V 绿色发光二极管的压降为 3.0～3.2V 白色发光二极管的压降约为 3.5V
	黄色发光二极管	
	绿色发光二极管	
	白色发光二极管	
	蓝色发光二极管	

续表

	划分方法及种类	说明
按发光是否可见划分	可见光发光二极管	可见光发光二极管能发出各种颜色的可见光
	红外发光二极管	红外发光二极管所发出的光为红外波段的，不可见
按发光强度划分	普通亮度发光二极管	普通亮度发光二极管发光强度小于10mcd
	高亮度发光二极管	高亮度发光二极管发光强度为10～100mcd
	超高亮度发光二极管	超高亮度发光二极管发光强度大于100mcd
按工作电流划分	普通发光二极管	普通发光二极管使用直流电流驱动
	交流发光二极管	交流发光二极管直接使用交流电流驱动
按发光颜色是否改变划分	单色发光二极管	单色发光二极管只能发出一种颜色的光 双色和三色发光二极管能够分别发出2种和3种颜色的光 变色发光二极管的发光颜色能够改变
	双色发光二极管	
	三色发光二极管	
	变色发光二极管	
按封装结构及封装形式划分	金属封装发光二极管	在小型化电子设备中使用无引线表面封装发光二极管，即贴片发光二极管 其余还包括加色散射封装（D）发光二极管、无色散射封装（W）发光二极管、有色透明封装（C）发光二极管、无色透明封装（T）发光二极管等
	陶瓷封装发光二极管	
	塑料封装发光二极管	
	树脂封装发光二极管	
	无引线表面封装发光二极管	
按封装外形划分	圆柱形发光二极管	最常见的发光二极管是圆柱形的，组合发光二极管用来制作成各种形状的发光二极管
	矩形发光二极管	
	三角形发光二极管	
	方形发光二极管	
	组合发光二极管	

4.1.1 LED 点亮

51开发板常用贴片式或直插式LED，其正向导通电压为1.8～2.2V，工作电流一般为1～20mA。当通过的电流在1～5mA逐渐增大时，人们的肉眼会明显感觉到LED越来越亮；而当电流处在5～20mA范围变化时，发光二极管的亮度变化就不太明显了；当电流超过20mA时，LED就有烧坏的危险。Proteus 8仿真软件中的红色LED如图4-2所示。

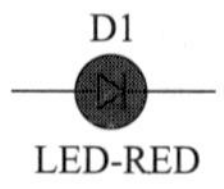

D1

LED-RED

图4-2　Proteus 8仿真软件中的红色LED

4.1.2 LED 流水灯

流水灯的点亮仅涉及延时、P口高低电平转换两个步骤。

【例4-1】发光二极管的阳极通过330Ω电阻接到+5V，阴极分别接到单片机的P0.0～P0.7八个I/O口上，LED流水灯控制电路原理图如图4-3所示。试编程实现下列功能：依次点亮八个LED流水灯D1～D8。

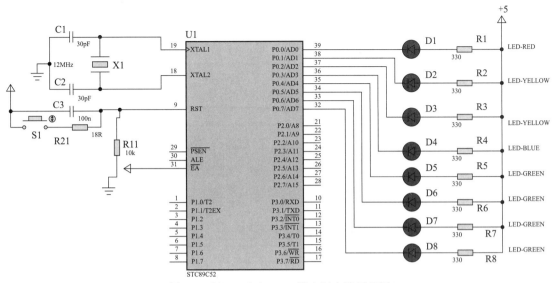

图 4-3 例 4-1 八个 LED 流水灯电路原理图

代码编辑从第一盏灯依次开始，分别点亮每一盏灯，中间调用延时子函数便可使流水灯的效果清晰可见，其具体实现方式有很多，在此仅展示三种作为参考。

```
/***************************************************
实验名称：LED 流水灯（共阳极）
实验现象：依次点亮八个 LED 流水灯
***************************************************/
/*******************I/O 口直接赋值*******************/
#include<reg52.h>
void delay(unsigned int z)
{
    unsigned int x,y;
    for(x=z;x>0;x--)
        for(y=110;y>0;y--);
}
void main()
{
    while(1)
    {
        P0=0xfe;delay(1000);//每次软件延时 1s
        P0=0xfd;delay(1000);
        P0=0xfb;delay(1000);
        P0=0xf7;delay(1000);
        P0=0xef;delay(1000);
        P0=0xdf;delay(1000);
        P0=0xbf;delay(1000);
        P0=0x7f;delay(1000);
```

```
        }
}
/*********************利用移位函数*********************/
#include <reg52.h>
#include <intrins.h>
#define uchar unsigned char
#define uint unsigned int
void delay(uint z)
{
    unsigned int x,y;
    for(x=z;x>0;x--)
        for(y=110;y>0;y--);
}
void main()
{
    uchar i,k;
    while(1)
    {
        k=0xfe;
        for(i=0;i<8;i++)
        {
            P0=k;
            delay(1000);
            k=crol (k,1);//左移" crol "、右移" cror "
            i=i++;
        }
    }
}
/*********************总线查表点亮*********************/
#include <reg52.h>
#define uchar unsigned char
#define uint unsigned int
uchar table[]={0xfe,0xfd,0xfb,0xf7,0xef,0xdf,0xbf,0x7f};
void delay(uint z)
{
    unsigned int x,y;
    for(x=z;x>0;x--)
        for(y=110;y>0;y--);
}
void main ()
{
```

```
uchar i;
while(1)
{
    for(i=0;i<8;i++)
    {
        P0=table[i];
        delay(1000);
    }
}
}
```

4.1.3 LED 点阵

LED 点阵显示器是由 LED 按矩阵方式排列而成的。按照尺寸大小，LED 点阵显示器有 5×7、5×8、6×8、8×8 等多种规格；按照 LED 发光颜色的变化情况，LED 点阵显示器分为单色、双色、三色；按照 LED 的连接方式，LED 点阵显示器又有共阴极和共阳极之分。

在单片机实践应用中，最常用的是 8×8 点阵显示器，如图 4-4 所示，它由 64 个发光二极管组成，且每个发光二极管是放置在行线和列线的交叉点上，若对应的某一行置高电平，某一列置低电平，则相应的发光二极管就被点亮。

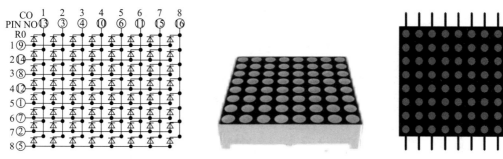

图 4-4 8×8 点阵显示器引脚图、实物图、仿真图

例如要点亮第一个 LED，则第 9 引脚接高电平，同时第 13 引脚接低电平；若要点亮第一行，则第 9 引脚接高电平，第 13、3、4、10、6、11、15、16 引脚接低电平；若要点亮第一列，则第 13 引脚接低电平，第 9、14、8、12、1、7、2、5 引脚接高电平。

在使用时，只要点亮相应的 LED，LED 点阵显示器即可按要求显示英文字母、阿拉伯数字、图形以及中文字符等。其原理很简单，即对点阵进行快速的横扫描或纵扫描，通过人的视觉暂留现象，在大脑中显示出相应的图片或字符。

（1）英文字母、阿拉伯数字的显示

单个英文字母或阿拉伯数字通常采用 5×7 点阵显示，图 4-5 所示为字母 "A" 的 5×7 字形点阵示意图。值得注意的是，字形并不是唯一的，应根据具体需要而定。

假设所有字符均以 5×7 点阵在 LED 点阵显示器的左下角显示，则部分字符的数据码见表 4-2。

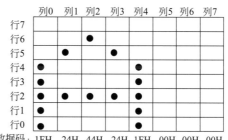

图 4-5 字母 "A" 的 5×7 字形点阵示意图

表 4-2　字符 0~9、A~F 的 5×7 数据码

字符	数据码	字符	数据码
0	3EH, 41H, 41H, 41H, 3EH, 00H, 00H, 00H	8	36H, 49H, 49H, 49H, 36H, 00H, 00H, 00H
1	11H, 21H, 7FH, 01H, 01H, 00H, 00H, 00H	9	79H, 49H, 49H, 49H, 7FH, 00H, 00H, 00H
2	23H, 45H, 49H, 51H, 21H, 00H, 00H, 00H	A	1FH, 24H, 44H, 24H, 1FH, 00H, 00H, 00H
3	22H, 49H, 49H, 49H, 36H, 00H, 00H, 00H	B	7FH, 49H, 49H, 49H, 36H, 00H, 00H, 00H
4	0CH, 14H, 24H, 7FH, 04H, 00H, 00H, 00H	C	3EH, 41H, 41H, 41H, 22H, 00H, 00H, 00H
5	7AH, 49H, 49H, 49H, 4EH, 00H, 00H, 00H	D	41H, 7FH, 41H, 41H, 3EH, 00H, 00H, 00H
6	7FH, 49H, 49H, 49H, 4FH, 00H, 00H, 00H	E	7FH, 49H, 49H, 49H, 49H, 00H, 00H, 00H
7	20H, 40H, 40H, 40H, 7FH, 00H, 00H, 00H	F	7FH, 48H, 48H, 48H, 48H, 00H, 00H, 00H

（2）中文字符、图形的显示

利用 LED 点阵显示器可以方便地实现中文字符的显示。由于国标汉字是用 16×16 点阵（256 个像素）来表示的，因此需要用 4 块 8×8 的 LED 点阵显示器组合成 16×16 的 LED 点阵显示器，才可以完整地显示一个汉字。

当然对于复杂图形数据码，也可以通过取模软件直接生成。取模软件界面如图 4-6 所示。

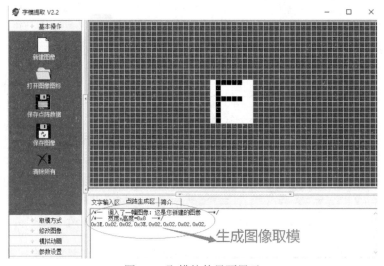

图 4-6　取模软件界面展示

4.2　LED 数码管显示

LED 数码管显示器按用途可分为通用 8 段 LED 数码管显示器和专用 LED 数码管显示器，分别如图 4-7 和图 4-8 所示。

图 4-7　通用 8 段 LED 数码管显示器

图 4-8　专用 LED 数码管显示器

本节重点介绍通用 8 段 LED 数码管显示器（以下简称为数码管）。数码管由 8 个 LED（a、b、c、d、e、f、g、h）构成，按公共端极性又可分为共阴极和共阳极两种数码管，如图 4-9 和图 4-10 所示。

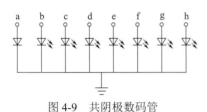

图 4-9　共阴极数码管

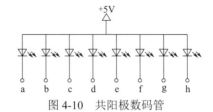

图 4-10　共阳极数码管

共阴极数码管的 8 个 LED 的阴极连接在一起，公共阴极接低电平（一般接地），其他引脚接 LED 驱动电路输出端。当某个 LED 驱动电路的输出端为高电平时，则该端所连接的 LED 导通并点亮。根据发光字段的不同组合可显示出各种数字或字符。

共阳极数码管的 8 个 LED 的阳极连接在一起，公共阳极接高电平（一般接电源），其他引脚接 LED 驱动电路输出端。当某个 LED 驱动电路的输出端为低电平时，则该端所连接的 LED 导通并点亮。根据发光字段的不同组合可显示出各种数字或字符。

要使数码管显示出相应的数字或字符，必须向其数据口输入相应的字形编码。数码管的常用字形编码见表 4-3。

表 4-3　数码管的常用字形编码

显示字符	共阳极编码									共阴极编码								
	h	g	f	e	d	c	b	a	字形码	h	g	f	e	d	c	b	a	字形码
0	1	1	0	0	0	0	0	0	C0H	0	0	1	1	1	1	1	1	3FH
1	1	1	1	1	1	0	0	1	F9H	0	0	0	0	0	1	1	0	06H
2	1	0	1	0	0	1	0	0	A4H	0	1	0	1	1	0	1	1	5BH
3	1	0	1	1	0	0	0	0	B0H	0	1	0	0	1	1	1	1	4FH
4	1	0	0	1	1	0	0	1	99H	0	1	1	0	0	1	1	0	66H
5	1	0	0	1	0	0	1	0	92H	0	1	1	0	1	1	0	1	6DH
6	1	0	0	0	0	0	1	0	82H	0	1	1	1	1	1	0	1	7DH
7	1	1	1	1	1	0	0	0	F8H	0	0	0	0	0	1	1	1	07H
8	1	0	0	0	0	0	0	0	80H	0	1	1	1	1	1	1	1	7FH
9	1	0	0	1	0	0	0	0	90H	0	1	1	0	1	1	1	1	6FH
C	1	1	0	0	0	1	1	0	C6H	0	0	1	1	1	0	0	1	39H
E	1	0	0	0	0	1	1	0	86H	0	1	1	1	1	0	0	1	79H
F	1	0	0	0	1	1	1	0	8EH	0	1	1	1	0	0	0	1	71H
H	1	0	0	0	1	0	0	1	89H	0	1	1	1	0	1	1	0	76H
L	1	1	0	0	0	1	1	1	C7H	0	0	1	1	1	0	0	0	38H
P	1	0	0	0	1	1	0	0	8CH	0	1	1	1	0	0	1	1	73H
U	1	1	0	0	0	0	0	1	C1H	0	0	1	1	1	1	1	0	3EH
—	1	0	1	1	1	1	1	1	BFH	0	1	0	0	0	0	0	0	40H
.	0	1	1	1	1	1	1	1	7FH	1	0	0	0	0	0	0	0	80H
熄灭	1	1	1	1	1	1	1	1	FFH	0	0	0	0	0	0	0	0	00H

数码管的外形结构如图 4-11 所示。数码管有静态显示和动态显示两种方式，在具体使用时，要求 LED 驱动电路能提供额定的 LED 导通电流，还要根据外接电源及额定 LED 导通电流来确定相应的限流电阻。

图 4-11   数码管的引脚图、实物图、Proteus 8 仿真图

4.2.1   数码管静态显示

静态显示是指数码管显示某一字符时，相应的 LED 恒定导通或恒定截止。静态显示时，各位数码管是相互独立的，每个数码管的 8 个 LED 分别与一个 8 位 I/O 口地址相连，只要 I/O 口有字形码输出，相应字符便显示出来，并保持不变，直到 I/O 口输出新的字形码。

采用静态显示方式，较小的电流即可获得较高的亮度，且占用 CPU 时间短，编程简单，显示便于监测和控制；但其占用的端口多，硬件电路复杂，成本高，只适用于显示位数较少的场合。

【例 4-2】实验环境采用开发板，单片机采用 STC89C52，振荡器频率 f_{osc} 为 12MHz，一位 8 段数码管，电路原理图如图 4-12 所示，试编程实现数码管 0～F 循环显示。

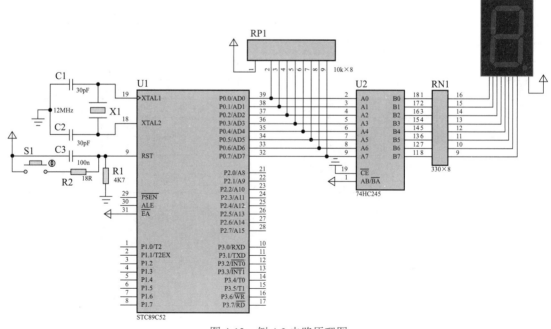

图 4-12   例 4-2 电路原理图

源程序如下:

```
/***********************************************************
实验名称: 数码管静态显示 (共阳极)
实验现象: 数码管 0~F 循环显示
***********************************************************/
#include <reg51.h>
typedef unsigned char uint8;//宏定义, 定义 unsigned 类型节省内存占用
typedef unsigned int uint16;
code uint8 LED CODE[]={0xC0,0xF9,0xA4,0xB0,0x99,0x92,0x82,0xF8,
          0x80,0x90,0x88,0x83,0xC6,0xA1,0x86,0x8E};//定义共阳极数码管字形码数组
void delay(uint16 x)//延时子程序
{
    uint16 i,j;
    for(i=x;i > 0;i --)
        for(j=114;j > 0;j --);
}
void main()//主程序
{
    uint8 i=0;
    while(1)
    {
        for(i=0;i < 16;i ++)
        {
            P0=LED CODE[i];//循环显示 0~F
            delay(1500);
        }
    }
}
```

把程序下载到开发板上, 得到的实验现象如图 4-13 所示。

图 4-13 例 4-2 实验现象

4.2.2 数码管动态显示

动态显示是指逐位、轮流地点亮各位数码管。这种逐位点亮数码管的方式称为位扫描。通常, 各位数码管的相应 LED 选线并联在一起, 由一个 8 位的 I/O 口控制; 各位的位选线 (共阴极或共阳极) 由另外的 I/O 口控制。

动态方式显示时, 各数码管分时轮流选通, 要使其稳定显示必须采用扫描方式, 即在某一时

刻只选通一位数码管，并送出相应的字形码，在另一时刻选通另一位数码管，并送出相应的字形码，依此规律循环，即可使各位数码管显示各种字符，虽然这些字符是在不同的时刻分别显示，但由于人眼存在视觉暂留现象，只要每位显示间隔足够短就可以给人一种数码管在同时显示字符的感觉。

采用动态显示方式比较节省 I/O 口，硬件电路也较静态显示方式简单；但其亮度不如静态显示方式，而且在显示位数较多时，CPU 要依次扫描，占用 CPU 较长的时间。

【例 4-3】实验环境采用开发板，单片机采用 STC89C52，振荡器频率 f_{osc} 为 12MHz，八位 8 段数码管，电路原理图如图 4-14 所示，试编程实现数码管动态显示 0~7。

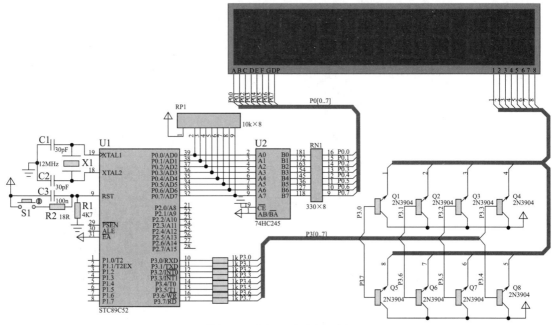

图 4-14　例 4-3 电路原理图

源程序如下：

```
/**********************************************************
实验名称: 数码管动态显示（共阳极）
实验现象: 动态显示数字 0-7
**********************************************************/
#include <reg51.h>
typedef unsigned char uint8;
typedef unsigned int uint16;
code uint8 LED CODE[]={ 0xc0,0xf9,0xa4,0xB0,0x99,0x92,0x82,0xf8};
            //定义共阳极数码管 8~F 字形码数组
void delay(uint16 x)//延时子程序
{
    uint16 i,j;
    for(i=x;i > 0;i --)
        for(j=114;j > 0;j --);
```

```
}
void main()//主程序
{
    uint8 i;
    while(1)
    {
        for(i=0;i < 8;i ++)
        {
            P0=0xFF;//灭灯消隐
            P3=0x01 << i;//位选（选择对应亮灯的数码管的位置）
            P0=LED CODE[i];//段选，循环显示 8～F 的字形
            delay(5);
        }
    }
}
```

实验现象如图 4-15 所示。

图 4-15　例 4-3 实验现象

4.3　KEY 按键键盘

　　键盘是单片机应用系统中最常用的输入设备，通过键盘输入数据或命令，可以实现简单的人机对话。键盘有编码键盘和非编码键盘之分，编码键盘是指当按键按下后，能直接得到按键的键代码，例如使用专用的键盘接口芯片；非编码键盘是指按下按键后，键代码信息不能直接得到，要通过软件来获取。

　　编码键盘除了键开关外，还需要按键消抖电路、防串键保护电路以及专门用于识别闭合键并产生键代码的集成电路（如 8255、8279 等），其优点是所需软件编辑简单，缺点是硬件电路比较复杂，成本较高。

　　非编码键盘仅由键开关组成，按键识别、键代码的产生以及去抖动等功能均由软件编程完成，其优点是电路简单，成本低，缺点是软件编程较复杂。

　　目前，单片机应用系统中普遍采用非编码键盘。按照键开关的排列形式，非编码键盘又分为独立按键和矩阵键盘两种。

4.3.1　扫描方式

　　按键的闭合与否，反映在行线输出电压上就是呈现高电平或低电平。单片机通过对行线电平的高低状态进行检测，便可以确认按键是按下还是松开。为了确保单片机对一次按键动作只确认一次按键有效（所谓按键有效，是指按下按键后，一定要再松开），必须消除图 4-16 中抖动期 T_1 和 T_3 的影响。

图 4-16 非编码按键识别原理

（1）查询扫描

利用单片机空闲时调用键盘扫描子程序，反复扫描键盘，来响应键的输入请求。如果单片机的查询频率过高，虽能及时响应键盘的输入，但也会影响其他任务的进行。如果查询频率过低，有可能出现键盘输入的漏判现象。所以要根据单片机系统的繁忙程度和键盘的操作频率，来调整键盘扫描的频率。

（2）定时扫描

单片机可每隔一定的时间扫描键盘一次，即定时扫描。这种方式通常是利用单片机内的定时器产生的定时中断，进入中断子程序后对键盘进行扫描，在有键按下时识别出按下的键，并执行相应键的处理程序。由于每次按键的时间一般不会小于 100ms，所以为了不漏判有效的按键，定时中断的周期一般小于 100ms。

（3）中断扫描

为了进一步提高单片机扫描键盘的工作效率，可采用中断扫描方式，即键盘只有在有按键按下时，才会向单片机发出中断请求信号。单片机响应中断，执行键盘扫描中断服务子程序，识别出按下的按键，并跳向该按键的处理程序。如果无键按下，单片机将不"理会"键盘。该方式的优点是只有有按键按下时才会进行处理，所以实时性强，工作效率高。

4.3.2 独立按键

线性非编码键盘的键开关（K1、K2、K3、K4）通常排成一行或一列，一端连接在单片机 I/O 口的引脚（P1.0、P1.1、P1.2、P1.3）上，同时经上拉电阻接至+5V 电源，另一端则串接在一起作为公共接地端，如图 4-17 所示。

线性非编码键盘的工作原理是：当无按键按下时，引脚 P1.0、P1.1、P1.2、P1.3 为高电平；按下某个按键时，对应的 I/O 口引脚为低电平。单片机只要读取 I/O 口引脚的状态，就可以获得按键信息，识别有无键被按下以及哪个键被按下。

独立按键的特点是各键相互独立,每个按键各接一条I/O口线,通过检测I/O口线的电平状态,很容易判断哪个按键被按下。

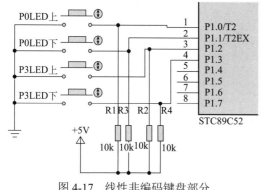

图 4-17 线性非编码键盘部分

在编写独立按键处理程序时要考虑如何消除按键抖动的问题。其具体方法如下。

① 首先读取I/O口状态并第1次判断有无键被按下，若有键被按下，则等待10ms。

② 然后读取I/O口状态并第2次判断有无键被按下，若仍然有键被按下，则说明某个按键处于稳定的闭合状态。

③ 若第 2 次判断为无键被按下，则认为第 1 次是按键抖动引起的无效闭合。

【例 4-4】实验环境采用开发板，单片机采用 STC89C52，振荡器频率 f_{osc} 为 12MHz，在 P0 口

P3 口分别接有 8 个红色与绿色的发光二极管，电路原理图如图 4-18 所示，试编程实现下列功能：

　　① 开关标签 P0LED 控制红灯的循环上移、下移。

　　② 开关标签 P3LED 控制绿灯的循环上移、下移。

　　③ 各开关互不影响。

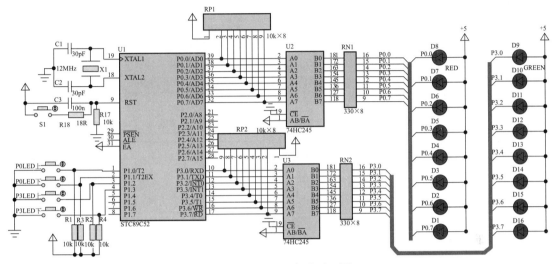

图 4-18　例 4-4 电路原理图

　　参考源代码如下。

```
/********************************************************
实验名称: 独立按键控制 LED 移动
实验现象: P0LED 按键控制红灯上下移动, P3LED 按键控制绿灯上下移动
********************************************************/
#include <reg51.h>
typedef unsigned char uint8;
typedef unsigned int uint16;
uint8 i=0,j=0;
void delay(uint16 x)
{
    uint16 m,n;
    for(m=x;m > 0;m --)
        for(n=114;n > 0;n --);
}
void MOVE_LED()
{
    if((P1 & 0x01)==0x00)//如果 P1 的第一位不为 1, 则有按键按下
    {
        if(i==0)  i=7;
        else          i--;
    }
    else if((P1 & 0x02)==0x00)
```

```
    {
        if(i==7) i=0;
    else        i++;
    }
    else if((P1 & 0x04)==0x00) j=(j - 1) & 0x07;
    else if((P1 & 0x08)==0x00) j=(j +1) & 0x07;

    P0=~(1 << i);//0000 0001 左移 i 位, 再按位取非, 将结果
            赋值给 P0, 例如 i=1,变成 0000 0010, 取反为 1111 1101
    P3=~(1 << j);//0000 0001 左移 j 位
}
void main()
{
    uint8 Key=0x00;
    P0=0xFF;     P3=0xFF;
    while(1)
    {
        if(P1 !=Key)
        {
            Key=P1;
            MOVE LED();
            delay(10);
        }
    }
}
```

实验结果如图 4-19 所示。

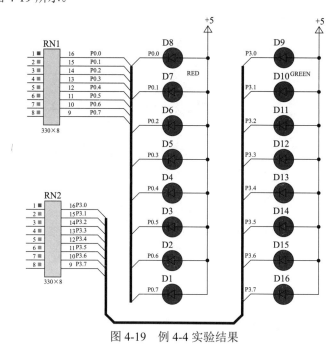

图 4-19 例 4-4 实验结果

4.3.3 矩阵键盘

矩阵键盘（矩阵非编码键盘）的键开关处于行线与列线的交叉点上，每个键开关的一端与行线相连，另一端与列线相连。图 4-20 所示是一个 4×3 的矩阵非编码键盘。

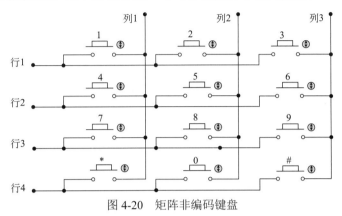

图 4-20 矩阵非编码键盘

矩阵非编码键盘键代码的确定通常采用逐行扫描法，其处理流程如图 4-21 所示。

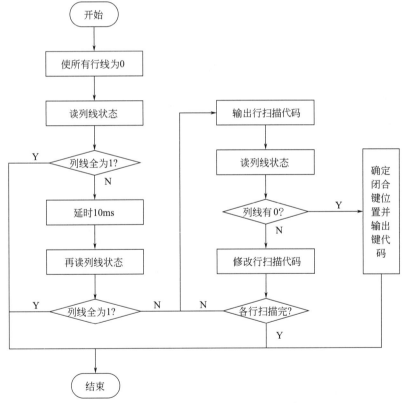

图 4-21 矩阵非编码键盘键代码处理流程

根据矩阵非编码键盘逐行扫描法处理流程，键盘扫描程序应包括以下内容。

（1）查询是否有键被按下

首先单片机向行扫描口输出扫描码 F0H，然后从列检测口读取列检测信号，只要有一列信号不为"1"，即 P1 口的值不等于 F0H，则表示有键被按下；否则表示无键被按下。

（2）查询闭合键所在的行、列位置

若有键被按下，单片机将得到的列检测信号取反，列检测口中为"1"的位便是闭合键所在的列。

列号确定后，还需要进行逐行扫描以确定行号。单片机首先向行扫描口输出第 1 行的扫描代码 FEH，接着从列检测口读取检测信号，若列检测信号全为"1"，则表示闭合键不在第 1 行。接着向行扫描口输出第 2 行的扫描代码 FDH，再从列检测口读取检测信号……以此类推，直到找到闭合键所在的行，并将该行的扫描代码取反保存。如果扫描完所有的行后仍没有找到闭合键，则结束行扫描，判定本次按键是误动作。

（3）对得到的行号和列号进行译码，确定键值

根据图 4-20 所示的硬件电路，1、2、3、4 行的扫描码分别为 0xfe、0xfd、0xfb、0xf7；1、2、3 列的列检测数据分别为 0xe0、0xd0、0xb0。设行扫描码为 HSM，列检测数据为 LJC，键值为 KEY，则有

$$KEY = \overline{HSM} + \overline{LJC} \mid 0x0f$$

例如，闭合键处在第 1 行第 1 列，其 HSM = 0xfe，LJC = 0xe0，代入上式，可得闭合键的键值为

$$KEY = \overline{HSM} + \overline{LJC} \mid 0x0f = \overline{0xfe} + \overline{0xe0} \mid 0x0f = 0x01 + 0x10 = 0x11$$

根据上述计算方法，可计算出所有按键的键值。

（4）按键防抖动处理

当用手按下一个按键时，一般会产生抖动，即所按下的键会在闭合位置与断开位置之间跳动几下才能达到稳定状态。抖动持续的时间长短不一，通常小于 10ms。若抖动问题不解决，就会导致对闭合键的多次读入。解决方法是：在发现有键按下后，延时 10ms 再进行逐行扫描。因为键被按下时的闭合时间远远大于 10ms，所以延时后再扫描也不迟。

【例 4-5】根据图 4-22 所示的硬件电路，试编写程序实现用 7 段数码管显示矩阵非编码键盘的键代码。例如，按 1 键则显示"1"，同时蜂鸣器鸣响提示。

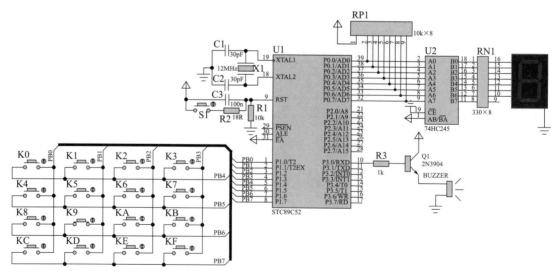

图 4-22　例 4-5 电路原理图

参考源代码如下。

```c
/*****************************************************
实验名称: 数码管显示 4×4 键盘矩阵按键
实验现象: 按下键名, 数码管显示相应的数字, 蜂鸣器鸣响一次
*****************************************************/
#include <reg51.h>
typedef unsigned char uint8;
typedef unsigned int uint16;
#define BUZZER() P3 ^=0x01//异或赋值语句, P3=P3^0x01,
code uint8 LED CODE[]=
    {0x3F,0x06,0x5B,0x4F,0x66,0x6D,0x7D,0x07,
    0x7F,0x6F,0x77,0x7C,0x39,0x5E,0x79,0x71};
uint8 Pre KeyNO=16,KeyNO=16;
void delay(uint16 x)
{
    uint16 i,j;
    for(i=x;i > 0;i --)
        for(j=114;j > 0;j --);
}
void Keys Scan()
{
    uint8 Tmp;
    P1=0x0f;
    delay(1);
    Tmp=P1 ^ 0x0f;//高 4 位输出, 低 4 位输入
    switch(Tmp)
    {
        case 1: KeyNO=0;break;
        case 2: KeyNO=1;break;
        case 4: KeyNO=2;break;
        case 8: KeyNO=3;break;
        default: KeyNO=16;
    }
    P1=0xf0;
    delay(1);
    Tmp=P1 >> 4 ^ 0x0f;//高 4 位输入, 低 4 位输出
    switch(Tmp)
    {
        case 1: KeyNO +=0;break;
        case 2: KeyNO +=4;break;
        case 4: KeyNO +=8;break;
        case 8: KeyNO +=12;
    }
```

```
}
void Beep()
{
    uint8 i;
    for(i=0;i<100;i++)
    {
        delay(1);BUZZER();
    }
}
void main()
{
    P0=0x00;
    while(1)
    {
        P1=0xf0;
        if(P1 !=0xf0)
            Keys Scan();
        if(Pre KeyNO !=KeyNO)
        {
            P0=LED CODE[KeyNO];
            Beep();
            Pre KeyNO=KeyNO;
        }
        delay(10);
    }
}
```

实验结果如图 4-23 所示。

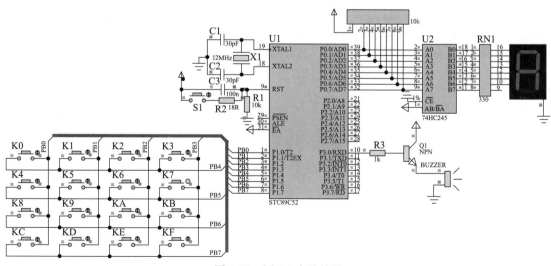

图 4-23   例 4-5 实验结果

4.4　脉冲宽度调制

脉冲宽度调制（Pulse-Width Modulation，PWM）是通过对一系列脉冲的宽度进行调制，等效出所需要的波形（包含形状以及幅值），对模拟信号电平进行数字编码，也就是说通过调节占空比来调节信号和能量等。占空比是指在一个周期内，信号处于高电平的时间占据整个信号周期的百分比（图 4-24）。

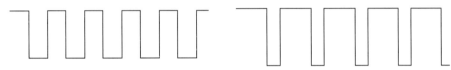

图 4-24　一个周期内的占空比为 50%、70%

PWM 信号把模拟信号转化为数字电路所需要的编码，由于现在基本是采用数字电路，因此在很多场合都采用 PWM 信号。例如我们经常见到的交流调光电路，也可以说是无级调速，信号处于高电平的时间长一些，也就是占空比大一些，就亮一些；占空比小一些，就没有那么亮。前提是 PWM 的频率要高于人眼识别频率，否则会感觉出现闪烁。

其除了应用在调光电路，还可以应用在直流斩波电路、蜂鸣器驱动电路、电机驱动电路、逆变电路、加湿机雾化电路等。

4.4.1　呼吸灯

呼吸灯原理分析：模拟人体呼吸，吸气和呼气各占 1.5s，人眼的图像滞留时间为 0.04s（1/24 帧画面），按最快 0.04s 算（就是 40ms），亮 0.02s，灭 0.02s。

【例 4-6】根据呼吸灯原理，电路原理图见图 4-25，试编写程序实现通过 PWM 实现呼吸灯效果。

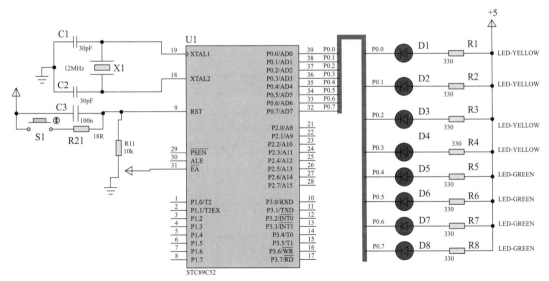

图 4-25　例 4-6 呼吸灯原理图

参考源代码如下：

```
/*************************************************
实验名称: 通过 PWM 实现呼吸灯效果
实验现象: LED 由暗到亮, 再由亮到暗
*************************************************/
void delay(unsigned int z)//毫秒级延时
{
    unsigned int x,y;
    for(x=z;x > 0;x--)
        for(y=114;y > 0;y--);
}
void timer0Init()//定时器 0 初始化
{
    EA=1;//总中断允许
    TR0=1;//启动定时器 0
    ET0=1;//允许定时器 0 中断

    TMOD=0x02;//T0  8 位自动重装模块
    TH0=225;
    TL0=225;//12MHz 晶振下占空比最大比值是 256, 输出 100Hz
}
void timer0() interrupt 1//定时器 0 中断
{
    pwm t++;
    if(pwm t==255)
        pwm t=P0=0;
    if(pwm left val==pwm t)
            P0=0xff;
}
void main()
{
    unsigned char i;
    timer0Init();
    while(1)
    {
        for(i=0;i < 3;i++)
        {
            while(pwm left val !=255)//255
            {
                ++pwm left val;
                delay(1);
            }
            while(pwm left val !=0)
            {
```

```
        pwm left val;
    delay(1);
    }
  }
 }
}
```

4.4.2 蜂鸣器音乐

蜂鸣器是利用压电效应工作的，当对其施加交变电压时，它会产生机械振动；反之，对其施加机械作用力时，它也会产生电压信号。因此，可以将压电陶瓷蜂鸣器变通作为振动传感器使用。压电陶瓷蜂鸣器受到机械作用力时产生的电压信号很微弱，作振动传感器使用时一般应连接电压放大器。蜂鸣器外形如图 4-26 所示。

图 4-26　蜂鸣器

人的耳朵能听见的声音频率有限制（20～20000Hz），频率高低会影响声音的效果，一般音频越低声音听起来越低沉，音频越高声音听起来越尖锐。若通过 PWM 波形的电压信号来驱动蜂鸣器，则把 PWM 波形的周期 T 设置为要发出的声音信号的频率的倒数即可。改变单片机引脚输出波形的频率，就可以调整蜂鸣器音调，产生各种不同音色、音调的声音。改变输出电平的占空比（改变高电平比上整个周期的时间），则可以调整蜂鸣器的声音大小。

主要是通过单片机的 I/O 口输出高低电平不同的脉冲信号来控制蜂鸣器发音。要想产生音频脉冲信号，需要算出某音频的周期（1/频率），然后将此周期除以 2，即为半周期。利用单片机定时器计时这个半周期，每当计时到后就将输出脉冲的 I/O 口反相，这样就在 I/O 口上得到此脉冲的频率。

【例 4-7】根据图 4-27，试编写程序实现：通过脉冲宽度调制改变占空比，生成不同音调的声音。

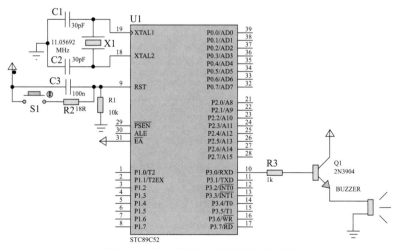

图 4-27　蜂鸣器发声不用频率原理图

参考源代码如下：

```
/*******************************************************
实验名称：通过脉冲宽度调制生成声音
实验现象：改变占空比，生成不同音调的声音
```

```
**************************************************************/
#include "reg52.h"
typedef unsigned char u8;
typedef unsigned int u16;
sbit beep=P3^0;
void delay(u16 i)
{
    while(i--);
}
void main()
{
    while(1)
      {
        beep=~beep;//高低电平来回变换
        delay(10);
        beep=1;//通过改变占空比来控制声音大小
        delay(10);
        beep=0;
        delay(5);
      }
}
```

4.4.3 舵机旋转

一个固定的频率，给其不同的占空比，用来控制舵机不同的转角。舵机的频率一般为 50Hz，也就是一个 20ms 的时钟脉冲，而脉冲高电平的时间范围一般为 0.5～2.5ms，用不同占空比控制舵机不同的转角（图 4-28）。

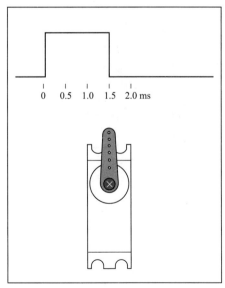

图 4-28　用占空比控制舵机的旋转角度

参考源代码如下。

```
/*******************************************************
实验名称：通过脉冲宽度调制实现舵机控制
实验现象：改变占空比，实现不同占空比控制舵机不同的转角
*******************************************************/
#include <REGX52.H>

sbit PWM=P1^0;//定义给舵机信号线接的I/O口

void Delay(unsigned char i)//12MHz 延时函数
{
    unsigned char a,b;
    for(;i>0;i--)
      for(b=71;b>0;b--)
        for(a=2;a>0;a--);
}
void zero(void)//0°子程序
{
    PWM=1;Delay(1);          //高电平 Delay(1)=0.5ms
    PWM=0;Delay(39);         //低电平 Delay(39)=19.5ms
}
void one(void)//45°子程序
{
        PWM=1;Delay(2);      //高电平 Delay(2)=1ms
        PWM=0;Delay(38);     //低电平 Delay(38)=19ms
}
void two(void)//90°子程序
{
        PWM=1;Delay(3);      //高电平 Delay(3)=1.5ms
        PWM=0;Delay(37);     //低电平 Delay(37)=18.5ms
}
void three(void)//135°子程序
{
        PWM=1;Delay(4);      //高电平 Delay(4)=2ms
        PWM=0;Delay(36);     //低电平 Delay(36)=18ms
}
void four(void)//180°子程序
{
        PWM=1;Delay(5);      //高电平 Delay(5)=2.5ms
        PWM=0;Delay(35);     //低电平 Delay(35)=17.5ms
```

```
}
void main()
{
    while(1)
    {
        if(P3_0==0)
        {
          Delay(20);
            if(P3_0==0)  one();
        }
        else if(P3_1==0)
        {
          Delay(20);
            if(P3_1==0)  two();
        }
        else if(P3_2==0)
        {
          Delay(20);
            if(P3_2==0)  three();
        }
        else if(P3_3==0)
        {
          Delay(20);
            if(P3_3==0)  four();
        }
        else zero();   //舵机为 0°
    }
}
```

4.5 科研训练案例 3 单片机水塔控制系统

（1）任务要求

① 利用 Proteus ISIS 与 Keil μVision5 进行单片机应用系统的仿真调试。

② 电路原理图如图 4-29 所示，以单片机 STC89C52 为主控芯片，用共阴极 7 段数码管显示水位控制工作状态，用 7 个按键实现"人工加水、水位 1、水位 2、…、水位 5 和水满"等水位控制功能，LED 作为工作指示灯。当操控"人工加水、水位 1、水位 2、…、水位 5"等按键时，电动机工作，当操控"水满"按键时，水塔控制系统停止工作。

（2）实现过程

① 绘制电路原理图。在 Proteus 8 中绘制如图 4-29 所示的电路原理图。

② 编写源程序。参考源程序代码如下。

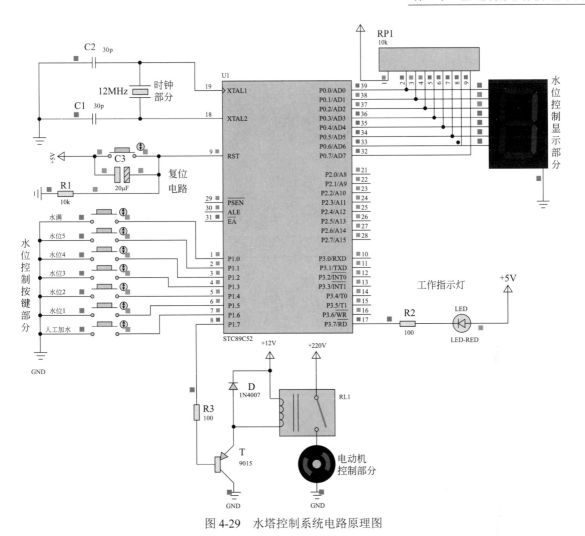

图 4-29 水塔控制系统电路原理图

```
#include<reg51.h>
//定义一个数组,使数码管显示的数字和数组元素的下标相等
unsigned char code table[]={0x3f,0x06,0x5b,0x4f,0x66,
                            0x6d,0x7d,0x07,0x7f,0x6f};
sbit shuiman=P1^0;//水满
sbit sw5=P1^1;//水位5
sbit sw4=P1^2;//水位4
sbit sw3=P1^3;//水位3
sbit sw2=P1^4;//水位2
sbit sw1=P1^5;//水位1
sbit shougong=P1^6;//人工加水
sbit dianji=P1^7;//电动机控制位
sbit state=P3^7;//电动机工作指示
/*延时程序*/
void delay02s(void)
{
```

```
unsigned char i,j,k;
for(i=100;i>0;i--)
for(j=100;j>0;j--)
for(k=248;k>0;k--);
}
main()
{
    P0=0;
    while(1)
        {
        /***********************是否设计为一次只能触发一个传感器单元？
        ***********************/
        //水满
            if(shuiman==0&&sw5==1&&sw4==1&&sw3==1&&sw2==1&&sw1==1)
            //闭合唯一一个传感器单元，当按"水满"按钮时发生
            {
                dianji=1;//关电动机
                state=1;//电动机工作指示灯熄灭
            P0=table[6];//显示水位深度为6，水满
                delay02s();//延时一段时间使数码管显示水位深度
            }
                //水位5
            if(shuiman==1&&sw5==0&&sw4==1&&sw3==1&&sw2==1&&sw1==1)
            //闭合唯一一个传感器单元，当按"水位5"按钮时发生
            {
                P0=table[5];//显示水位深度为5
            }
            //水位4
            if(shuiman==1&&sw5==1&&sw4==0&&sw3==1&&sw2==1&&sw1==1)
            //闭合唯一一个传感器单元，当按"水位4"按钮时发生
            {
                P0=table[4];//显示水位深度为4
            }
            //水位3
            if(shuiman==1&&sw5==1&&sw4==1&&sw3==0&&sw2==1&&sw1==1)
            //闭合唯一一个传感器单元，当按"水位3"按钮时发生
            {
                P0=table[3];//显示水位深度为3
            }
            //水位2
            if(shuiman==1&&sw5==1&&sw4==1&&sw3==1&&sw2==0&&sw1==1)
            //闭合唯一一个传感器单元，当按"水位2"按钮时发生
            {
                P0=table[2];//显示水位深度为2
```

```
}
//水位1
if(shuiman==1&&sw5==1&&sw4==1&&sw3==1&&sw2==1&&sw1==0)
//闭合唯一一个传感器单元，当按"水位1"按钮时发生
{
    dianji=0;//开电动机
    state=0;//电动机工作指示灯打开
P0=table[1];//显示水位深度为1
}
//人工上水
if(shougong==0)//当按"人工加水"按钮时发生
{
dianji=0;//开电动机
    state=0;//电动机工作指示灯打开
    P0=table[0];//显示0，表示人工加水已有反应
    delay02s();//延时一段时间使数码管显示，给人以提示：已开始人工加水
}

}
}
```

③ 生成 HEX 文件。在 Keil μVision5 中创建工程，将 C 文件添加到工程中，编译、链接，生成 HEX 文件。

④ 仿真运行。在 Proteus 8 中，打开设计文件，将 HEX 文件装入单片机中，启动仿真，观察系统运行效果是否符合设计要求。

本章小结

本章主要讲述了 LED（发光二极管）的点亮、LED 流水灯的控制、LED 点阵的取模与显示、数码管的静态和动态显示、独立按键和矩阵键盘的扫描方式、脉冲宽度调制的基础知识，以及呼吸灯、蜂鸣器音乐和舵机旋转的控制案例。

本章中还给出了科研训练案例 3 的任务要求及实现过程。

思考与练习

1. 51 系列单片机的 4 个 I/O 端口各有什么特点？在使用时应注意哪些事项？
2. 如何解决数码管乱码问题？
3. 在单片机应用系统中常用的显示器有几种？
4. 独立完成一个左移到头接着右移，右移到头再左移的花样流水灯程序。
5. 独立完成一个实现数码管静态显示秒表的倒计时程序。
6. 独立完成一个用点阵显示从 9 到 0 的倒计时程序。
7. 熟练编写舵机正反转任意角度的程序。

第**5**章 中断与定时器

在早期的计算机中，CPU 与外部输入/输出设备交换信息时，由于外部设备与 CPU 工作速度不同，造成很大的矛盾。CPU 需要花费大量时间与外部设备交换信息，这样就降低了 CPU 的工作效率。单片机系统的运行同其他微机系统一样，也要不断地与外部输入/输出设备交换信息。STC89C52 单片机采用中断方式解决了快速 CPU 与慢速外部设备之间信息交换的矛盾，在保持需要快速运行的程序的基础上，利用间隔产生的短暂的中断时间，处理与慢速外部设备的信息交换。合理巧妙地利用中断，不仅可以使我们获得处理突发状况的能力，而且可以使单片机能够"同时"完成多项任务。

5.1 中断系统

5.1.1 中断的概念

什么是中断呢？生活中的中断很多，如你正在家中看书，突然手机铃声响了，你放下书本，去接电话并来电话的人进行交谈，谈话结束后放下电话，继续看书。这就是生活中的"中断"现象。单片机的中断也是如此，当 CPU 正在执行主程序时，外部发生的某一事件（如定时器/计数器溢出中断、电平的改变等）请求 CPU 迅速处理，只要请求被允许，CPU 就暂时停止执行主程序，转而去处理外部所发生的事件。处理完该事件后，CPU 再回到被中断的地方，继续执行主程序。中断是 CPU 对系统发生的某个事件做出的一种反应。

单片机中执行中断过程的部件称为中断系统，引起中断请求的事件称为中断源。中断源向 CPU 发出的处理请求称为中断请求。发生中断时 CPU 执行主程序被打断的暂停点称为断点。CPU 暂停执行主程序而转为响应中断请求的过程称为中断响应。CPU 执行的中断源的程序称为中断服务程序。CPU 执行有关的中断服务程序称为中断处理，而返回主程序被中断的断点过程称为中断返回。中断流程图如图 5-1 所示。

在实际应用中，常常会有多个中断源向 CPU 发出中断请求，因此响应这些中断请求必须有先后次序，这称为中断的优先级。当 CPU 同时接收到多个中断请求时，首先响应优先级高的中断。在 CPU 处理一个中断服务程序的期间，如果有其他中断源发出了中断请求，并且比正在执行的中断请求优先级高，则 CPU 暂时停止对这一中断服务程序的处理，转去处理优先级更高的中断请求，待处理完以后，又继续执行原来的中断服务程序，这样的过程称为中断嵌套，如图 5-2 所示。

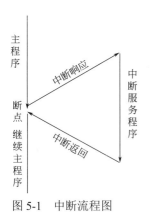

图 5-1　中断流程图

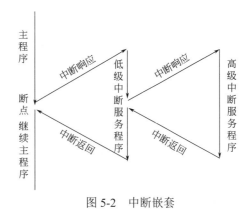

图 5-2　中断嵌套

5.1.2　中断传送方式

中断传送方式是提高 CPU 效率的一条有效途径，适合实时控制系统。当 CPU 启动外部设备后，外部设备与 CPU 互不影响，各自独立工作。当外部设备需要 CPU 处理时，CPU 不用查询外部设备的状态，而是由外部设备主动向 CPU 发出请求，在满足一定条件的前提下，CPU 暂时中断现在执行的程序，转去处理外部设备的请求，当处理完毕后，又继续执行原来的程序。这种方法有效地克服了 CPU 在查询方式中所浪费的大量等传时间，能够提高 CPU 对多任务事件的处理能力。

5.1.3　中断系统结构

STC89C52 单片机的中断系统结构如图 5-3 所示。

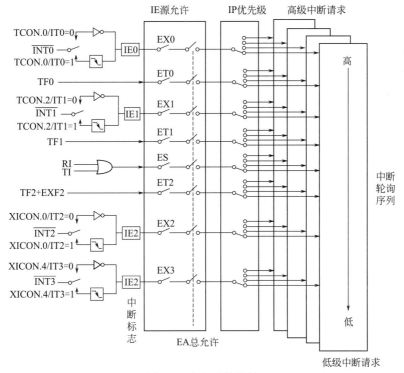

图 5-3　中断系统结构

STC89C52 单片机中断系统由 IE（中断允许寄存器）、IP（中断优先级寄存器）、IPH、TCON（定时器/计数器控制寄存器）、SCON（串行口控制寄存器）、T2CON 和 XICON 等组成，用于进行中断允许、中断优先级高低控制、定时器/计数器控制、串行口控制和辅助中断控制。

（1）中断源

STC89C52 单片机的中断源有 8 个，分别为 4 个外部中断源、3 个定时器/计数器和 1 个串行口中断。

外部中断 0（$\overline{\text{INT0}}$）、外部中断 1（$\overline{\text{INT1}}$）、外部中断 2（$\overline{\text{INT2}}$）和外部中断 3（$\overline{\text{INT3}}$）既可低电平触发，也可下降沿触发，还可以用于将单片机从掉电模式唤醒。

2 个定时器/计数器中断是由 STC89C52 单片机内部产生的，分别为 T0 和 T1 中断，定时器/计数器中断通常用于需要进行定时控制的场合，第三个定时器/计数器中断不做介绍。

串行口中断是由 51 系列单片机内部串行口中断源产生的，由发送中断 TX 和接收中断 RX 逻辑"或"组成一个中断源，串行口中断是为串行通信而设置的。

（2）中断标志

中断源发出中断请求信号后就将相应的中断标志位置位，CPU 通过对标志位的检测来判断是否发生中断。STC89C52 单片机的定时器/计数器控制寄存器（TCON）和串行口控制寄存器（SCON）分别寄存相应的中断标志位，只有当 CPU 响应中断服务程序后，中断标志位才由硬件或软件清 0。

① TCON 为定时器/计数器 T0、T1 的控制寄存器，同时也锁存 T0、T1 溢出中断源和外部中断请求源等，其格式如下：

SFR 名称	地址	位序	D7	D6	D5	D4	D3	D2	D1	D0
TCON	88H	位标志	TF1	TR1	TF0	TR0	IE1	IT1	IE0	IT0

TF1：T1 溢出中断标志位。T1 被允许计数后，从初值开始加 1 计数。当产生溢出时，由硬件置"1"TF1，向 CPU 请求中断，一直保持到 CPU 响应中断时，才由硬件清"0"（也可由查询软件清"0"）。

TR1：T1 的运行控制位。

TF0：T0 溢出中断标志位。T0 被允许计数后，从初值开始加 1 计数。当产生溢出时，由硬件置"1"TF0，向 CPU 请求中断，一直保持到 CPU 响应该中断，才由硬件清"0"（也可由查询软件清"0"）。

TR0：T0 的运行控制位。

IE1：外部中断 1 中断请求源（$\overline{\text{INT1}}$/P3.3）标志位。IE1=1，外部中断 1 向 CPU 请求中断，当 CPU 响应该中断时由硬件清"0"IE1。

IT1：外部中断 1 中断源类型选择位。IT1=0，$\overline{\text{INT1}}$/P3.3 引脚上的低电平信号可触发外部中断 1。IT1=1，外部中断 1 为下降沿触发方式。

IE0：外部中断 0 中断请求源（$\overline{\text{INT0}}$/P3.2）标志位。IE0=1，外部中断 0 向 CPU 请求中断，当 CPU 响应外部中断 0 时，由硬件清"0"IE0 （边沿触发方式）。

IT0：外部中断 0 中断源类型选择位。IT0=0，$\overline{\text{INT0}}$/P3.2 引脚上的低电平信号可触发外部中断 0。IT0=1，外部中断 0 为下降沿触发方式。

② 串行口控制寄存器（SCON）的低两位 RI 和 TI 分别为串行口的接收和发送中断标志位，其格式如下：

SFR 名称	地址	位序	D7	D6	D5	D4	D3	D2	D1	D0
SCON	98H	位标志	SM0/FE	SM1	SM2	REN	TB8	RB8	TI	RI

RI：串行口 1 接收中断标志位。若串行口 1 允许接收且以方式 0 工作，则每当接收到第 8 位数据时置"1"；若以方式 1、2、3 工作且 SM2=0，则每当接收到停止位的中间时置"1"；若串行口以方式 2 或方式 3 工作且 SM2=1，则仅当接收到的第 9 位数据时 RB8 为 1，同时还要接收到停止位的中间时置"1"。RI=1 表示串行口 1 正向 CPU 申请中断（接收中断），必须由用户的中断服务程序清零。

TI：串行口 1 发送中断标志位。串行口 1 以方式 0 发送时，每当发送完 8 位数据，由硬件置"1"；以方式 1、方式 2 或方式 3 发送时，在发送停止位的开始时置"1"。TI=1 表示串行口 1 正在向 CPU 申请中断（发送中断）。值得注意的是，CPU 响应发送中断请求，转向执行中断服务程序时并不将 TI 清零，TI 必须用户在中断服务程序中清零。

（3）中断允许开/关

CPU 检测到有效的标志位后，由中断允许寄存器（IE）控制中断源的开放和关闭。该寄存器对中断的开放和关闭实行两级控制，其格式如下：

SFR 名称	地址	位序	D7	D6	D5	D4	D3	D2	D1	D0
IE	A8H	位标志	EA	—	ET2	ES	ET1	EX1	ET0	EX0

EA：CPU 的总中断允许控制位。EA=1，CPU 开放中断；EA=0，CPU 屏蔽所有的中断申请。EA 的作用是使中断允许形成两级控制，即各中断源首先受 EA 控制，其次还受各中断源自己的中断允许控制位控制。

ET2：定时器/计数器 T2 的溢出中断允许位。ET2=1，允许 T2 中断；ET2=0，禁止 T2 中断。

ES：串行口 1 中断允许位。ES=1，允许串行口 1 中断；ES=0，禁止串行口 1 中断。

ET1：定时器/计数器 T1 的溢出中断允许位。ET1=1，允许 T1 中断；ET1=0，禁止 T1 中断。

EX1：外部中断 1 中断允许位。EX1=1，允许外部中断 1 中断；EX1=0，禁止外部中断 1 中断。

ET0：T0 的溢出中断允许位。ET0=1，允许 T0 中断；ET0=0，禁止 T0 中断。

EX0：外部中断 0 中断允许位。EX0=1，允许中断；EX0=0，禁止中断。

（4）中断优先级高低控制

STC89C52 单片机的中断系统具有两个中断优先级，所有的中断都可设定为高优先级中断或低优先级中断。各中断源的优先级由中断优先级寄存器（IP）进行设定，其格式如下：

SFR 名称	地址	位序	D7	D6	D5	D4	D3	D2	D1	D0
IP	B8H	位标志	—	—	PT2	PS	PT1	PX1	PT0	PX0

PX0/ PX1：外部中断 $\overline{\text{INT0}}$ / $\overline{\text{INT1}}$ 中断优先级控制位。

PT0/ PT1：定时器/计数器 T0/T1 中断优先级控制位。

PS：串行口中断优先级控制位。

各中断优先级的设定，由用户通过程序对 IP 的各位置"1"或清"0"，高优先级为"1"，低优先级为"0"。若系统中多个中断源同时请求中断，则 CPU 按中断源的优先级别，由高到低分别响应。CPU 执行中断服务程序时，不能被同优先级和低优先级的中断源中断。如果中断源的优先级别相同，可以按 51 系列单片机内部中断系统对中断源中断优先级规定的顺序来响应中断，如表 5-1 所示。

表 5-1　51 系列单片机内部各中断源中断优先级顺序

中断源	优先级顺序
IE0	高
TF0	
IE1	
TF1	
RI+TI	
TF2+EXF2	
IE2	
IE3	低

5.2　定时器/计数器

5.2.1　定时器/计数器的寄存器

STC89C52 单片机内部有 Timer0（T0）和 Timer1（T1）这两个定时器/计数器，与定时器/计数器有关的特殊功能寄存器（SFR）分别为 TCON、TMOD、TH0（TH1）、TL0（TL1）。

（1）定时器/计数器控制寄存器（TCON）

定时器/计数器控制寄存器（TCON）在 5.1 节中介绍过，高 4 位是定时器/计数器中断标志和启动控制位，低 4 位是外部中断标志和外部中断触发方式控制位。

TCON 各位的功能描述见表 5-2，其中 TF1（TF0）为定时器/计数器 T1（T0）溢出中断标志位，当 T1（T0）产生溢出时，TF0（TF1）由片内硬件自动置"1"；TR1（TR0）为定时器/计数器运行控制位，TR0（TR1）=1，定时器/计数器开始工作，TR0（TR1）=0，定时器/计数器停止工作，其状态由用户通过程序设定。

表 5-2　TCON 各位的功能描述

TCON 地址：88H								
可位寻址复位值：00H	D7	D6	D5	D4	D3	D2	D1	D0
	TF1	TR1	TF0	TR0	IE1	IT1	IE0	IT0
位	符号	功能						
TCON.7	TF1	定时器/计数器 T1 溢出中断标志位。当 T1 被允许计数后，T1 从初值开始加 1 计数，最高位产生溢出时，由硬件置"1" TF1，并向 CPU 请求中断，当 CPU 响应时，由硬件清"0" TF1，TF1 也可以由程序查询软件清"0"						
TCON.6	TR1	定时器/计数器 T1 的运行控制位。该位由软件置位和清零。当 GATE（TMOD.7）=0、TR1=1 时，就允许 T1 开始计数，TR1=0 时，禁止 T1 计数。若 GATE（TMOD.7）=1，则只有 TR1=1 且 $\overline{INT1}$ 输入高电平时，才允许 T1 计数						
TCON.5	TF0	定时器/计数器 T0 溢出中断标志位。当 T0 被允许计数后，T0 从初值开始加 1 计数，最高位产生溢出时，由硬件置"1" TF0，并向 CPU 请求中断，当 CPU 响应时，由硬件清"0" TF0，TF0 也可以由程序查询软件清"0"						

续表

TCON 地址：88H								
可位寻址复位值：00H	D7	D6	D5	D4	D3	D2	D1	D0
	TF1	TR1	TF0	TR0	IE1	IT1	IE0	IT0

位	符号	功能
TCON.4	TR0	定时器/计数器 T0 的运行控制位。该位由软件置位和清零。当 GATE（TMOD.3）=0，TR0=1 时，就允许 T0 开始计数，TR1=0 时，禁止 T0 计数。若 GATE（TMOD.3）=1，则只有 TR0=1 且 $\overline{INT0}$ 输入高电平时，才允许 T0 计数
TCON.3	IE1	外部中断 1 中断请求源标志位。当主机响应中断转向执行该中断服务程序时，由内部硬件自动将 IE1 位清"0"
TCON.2	IT1	外部中断 1 中断类型选择位。IT1=0 时，外部中断 1 为低电平触发方式，当 $\overline{INT1}$（P3.3）输入低电平，置位 IE1。采用低电平触发方式时，外部中断源（输入到 $\overline{INT1}$）必须保持低电平有效，直到该中断被 CPU 响应，同时在该中断服务程序执行完之前，外部中断源必须被清除（P3.3 要变高），否则将产生另一次中断。当 IT1=1 时，则外部中断 1（$\overline{INT1}$）端口"1"→"0"下降沿跳变，激活中断请求源标志位 IE1，向主机请求中断处理
TCON.1	IE0	外部中断 0 中断请求源标志位。当主机响应中断转向该中断服务程序执行时，由内部硬件自动将 IE0 位清"0"
TCON.0	IT0	外部中断 0 中断源类型选择位。IT0=0 时，外部中断 0 为低电平触发方式，当 $\overline{INT0}$（P3.2）输入低电平，置位 IE0。采用低电平触发方式时，外部中断源（输入到 $\overline{INT0}$）必须保持低电平有效，直到该中断被 CPU 响应，同时在该中断服务程序执行完之前，外部中断源必须被清除（P3.2 要变高），否则将产生另一次中断。当 IT0=1 时，则外部中断 0（$\overline{INT0}$）端口"1"→"0"下降沿跳变，激活中断请求源标志位 IE0，向主机请求中断处理

（2）定时器/计数器工作方式寄存器（TMOD）

TMOD 高 4 位控制 T1，低 4 位控制 T0，其格式如下：

SFR 名称	地址	位序	D7	D6	D5	D4	D3	D2	D1	D0
TMOD	89H	位标志	GATE	$C/\overline{T}$	M1	M0	GATE	$C/\overline{T}$	M1	M0

GATE：D3（D7）控制定时器/计数器 T0（定时器/计数器 T1），GATE 置 1 时，只有在 $\overline{INT0}$（$\overline{INT1}$）引脚为高电平及 TR0（TR1）控制位置 1 时才可打开定时器/计数器 T0（定时器/计数器 T1）。

$C/\overline{T}$：D2（D6）控制定时器/计数器 T0（定时器/计数器 T1）用作定时器或计数器，清"0"则用作定时器（从内部系统时钟输入），置"1"用作计数器。

M1M0：工作方式选择位，其值与定时器/计数器的 4 种工作方式如表 5-3 所示。

表 5-3　定时器/计数器工作方式（n=0,1）

工作方式	M1	M0	计数器
方式 0	0	0	THn 的 8 位和 TLn 的 5 位组成一个 13 位定时器/计数器
方式 1	0	1	THn 和 TLn 组成一个 16 位定时器/计数器
方式 2	1	0	8 位自动重装载定时器/计数器，定时器/计数器溢出后 THn 重装到 TLn 中
方式 3	1	1	禁用定时器/计数器 T1，定时器/计数器 T0 变成 2 个 8 位定时器/计数器

定时器/计数器 T0 和 T1 的定时和计数功能由特殊功能寄存器 TMOD 的控制位 $C/\overline{T}$ 进行选择，TMOD 的各位具体信息如表 5-4 所列，通过 TMOD 的 M1 和 M0 选择 2 个定时器/计数器的 4 种操作方式。2 个定时器/计数器的方式 0、1 和 2 都相同，方式 3 不同。

表 5-4　TMOD 各位的功能描述

TMOD 地址：					89H，不可位寻址				复位值：00H
	7	6	5	4	3	2	1	0	
	GATE	C/T̄	M1	M0	GATE	C/T̄	M1	M0	
	定时器/计数器1				定时器/计数器0				

位	符号		功能
TMOD.7	GATE		TMOD.7 控制定时器/计数器 T1，GATE 置"1"时，只有在 INT1 引脚为高电平及 TR1 控制位置"1"时才可打开定时器/计数器 T1
TMOD.3	GATE		TMOD.3 控制定时器/计数器 T0，GATE 置"1"时，只有在 INT0 引脚为高电平及 TR0 控制位置"1"时才可打开定时器/计数器 T0
TMOD.6	C/T̄		TMOD.6 控制定时器/计数器 T1 用作定时器或计数器，清"0"则用作定时器（从内部系统时钟输入），置"1"用作计数器（从 T1/P3.5 引脚输入）
TMOD.2	C/T̄		TMOD.2 控制定时器/计数器 T0 用作定时器或计数器，清"0"则用作定时器（从内部系统时钟输入），置"1"用作计数器（从 T0/P3.4 引脚输入）
TMOD.5/TMOD.4	M1	M0	定时器/计数器 T1 工作方式选择
	0	0	13 位定时器/计数器，兼容 8048 定时器/计数器模式，TL1 只用低 5 位参与分频，TH1 整个 8 位全用
	0	1	16 位定时器/计数器，TL1、TH1 全用
	1	0	8 位自动重装载定时器/计数器，当其溢出时将 TH1 存放的值自动重装入 TL1
	1	1	定时器/计数器 T1 此时无效（停止计数）
TMOD.1/TMOD.0	M1	M0	定时器/计数器 T0 工作方式选择
	0	0	13 位定时器/计数器，兼容 8048 定时器/计数器模式，TL0 只用低 5 位参与分频，TH0 整个 8 位全用
	0	1	16 位定时器/计数器，TL0、TH0 全用
	1	0	8 位自动重装载定时器/计数器，当其溢出时将 TH0 存放的值自动重装入 TL0
	1	1	定时器/计数器 T0 此时作为双 8 位定时器/计数器。TL0 作为一个 8 位定时器/计数器，通过标准定时器/计数器 T0 的控制位控制。TH0 仅作为一个 8 位定时器，由定时器/计数器 T1 的控制位控制

（3）定时值存储寄存器 TH0（TH1）、TL0（TL1）

表 5-5 所示的寄存器是用于存储定时器/计数器的计数值的。TH0/TL0 用于 T0，TH1/TL1 用于 T1。

表 5-5　定时值存储寄存器

名称	描述	SFR 地址	复位值
TH0	定时器/计数器 T0 高字节	0x8c	0x00
TL0	定时器/计数器 T0 低字节	0x8a	0x00
TH1	定时器/计数器 T1 高字节	0x8d	0x00
TL1	定时器/计数器 T1 低字节	0x8b	0x00

5.2.2　定时器/计数器工作方式

单片机的定时器/计数器有四种工作方式，即方式 0、方式 1、方式 2 和方式 3。在方式 0、方式 1 和方式 2 时，T0 和 T1 的内部电路和工作过程相同，但在方式 3 时，T0 和 T1 的工作过程完全不同。

（1）方式0

方式0为一个13位的定时器/计数器，包含THn的高8位及TLn的低5位。TLn的高3位不定（没有工作），可将其忽略。置位运行标志（TRn）不能清零此寄存器。方式0的操作对于T0及T1都是相同的。2个不同的GATE位（TMOD.7 和 TMOD.3）分别分配给T1及T0。T0在方式0工作的逻辑结构如图5-4所示。

图5-4中C/$\overline{T}$选择计数的脉冲。当C/$\overline{T}$=0时为定时器模式，振荡器产生的信号经过12分频作为输入脉冲，即输入信号的频率为f_{osc}/12；而当C/$\overline{T}$=1时为计数器模式，输入脉冲为T1（或T0）引脚上的外部输入脉冲，对外部事件进行计数。

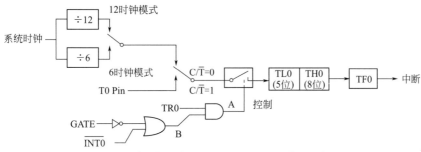

图5-4　T0的工作方式0：13位定时器/计数器逻辑结构

TR0控制定时器/计数器 T0 工作的启动和停止，GATE起辅助控制作用。当TR0=0时，A点为常"0"，定时器/计数器停止工作。当TR0=1时，A点电位取决于B点状态。GATE=0时，B点为常"1"，定时器/计数器启动计数；GATE=1时，B点电位取决于外部中断源输入信号，$\overline{INT0}$=1时，定时器/计数器启动计数，而当$\overline{INT0}$=0时，定时器/计数器停止工作。当GATE=1时，可以用定时器/计数器测量外部信号脉冲的宽度。

当定时器/计数器有输入脉冲时，TL0低8位寄存器在用户设置的初值上增1计数，当TL0低5位均为"1"时，TH0高8位寄存器才由初值开始计数。当两个寄存器计数达到满值即FF1FH时，再输入一个脉冲，寄存器数值溢出清零，同时TF0自动置位向CPU发出中断请求。

（2）方式1

方式1是一个16位的定时器/计数器，包含THn的高8位和TLn的低8位。T0在方式1工作的逻辑结构如图5-5所示。

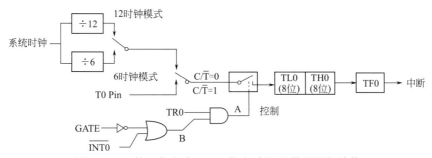

图5-5　T0的工作方式1：16位定时器/计数器逻辑结构

由图5-5和图5-4可见方式1与方式0工作情况相似，定时器/计数器TH0和TL0的8位寄存器均参加计数，达到满值FFFFH时，再输入一个脉冲，寄存器溢出清零，同时自动将TF0置位向CPU发出中断请求信号。

（3）方式2

方式 2 是一个自动重装载 8 位定时器/计数器，TLn 低 8 位寄存器作为计数器，THn 高 8 位寄存器作为数据缓冲器。T0 在方式 2 工作的逻辑结构图如图 5-6 所示。

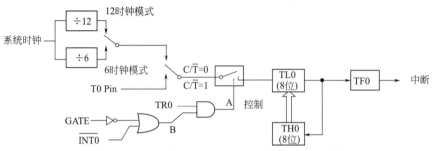

图 5-6   T0 的工作方式 2：8 位自动重装载逻辑结构

当 TL0 计数达到满值 FFH 时，再输入一个脉冲，寄存器溢出，TH0 向 TL0 重装初值，同时 TF0 自动置位向 CPU 发出中断请求。

（4）方式3

在前三种方式下 T0 和 T1 的工作过程相同，但在方式 3 下 T0 和 T1 工作过程是不同的。T0 在方式 3 下分成两个 8 位的定时器/计数器，T1 在方式 3 下不能产生中断。T0 在方式 3 工作的逻辑结构如图 5-7 所示。

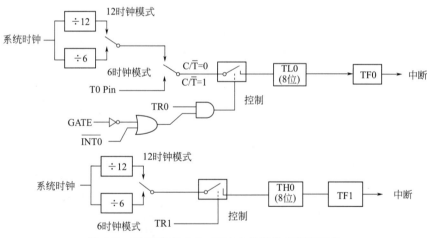

图 5-7   T0 工作方式 3：两个 8 位计数器逻辑结构

T0 工作在方式 3 时，TL0 和 TH0 被分成两个独立的 8 位定时器/计数器。其中，TL0 可作为 8 位定时器/计数器，而 TH0 只能作为 8 位的定时器。TL0 占用了 T0 的 C/$\overline{\text{T}}$、TR0 和 GATE，既可对振荡器脉冲计数，也可对外部脉冲计数，当 T0 计数溢出时自动将 TF0 置位。TH0 只能对振荡器脉冲计数，通过 T1 的启动控制位 TR1 控制启停，当 TH0 计数达到满值溢出时自动将 TF1 置位。由此可见 TL0 有定时和计数两种工作模式，而 TH0 只有定时工作模式，因为 TH0 占用了 T1 的 TR1 和 TF1，T1 在方式 3 下不能计数，此时 T1 只能工作在方式 0、方式 1 或方式 2。

5.3 中断与定时器/计数器的应用

定时器/计数器在工作之前，应根据要求对 THn 和 TLn 进行初值计算，并通过程序送到 THn 和 TLn 寄存器中。

5.3.1 定时器/计数器初值计算

定时器/计数器是在 THn 和 TLn 寄存器初值的基础上，对脉冲进行增 1 计数，当达到满值时产生溢出发出中断请求。当对外部脉冲进行计数时，设当计数值达到满值时所需的脉冲数为 F，计数器最大计数值为 M，则计数器初值 X 的计算公式见式（5-1）。

$$X = M - F \tag{5-1}$$

因工作方式有四种，计数器最大计数值也有所不同。方式 0 时 M 为 2^{13}，方式 1 时 M 为 2^{16}，方式 2 和方式 3 时 M 为 2^8。

当对振荡器频率的 12 分频进行计数时，定时器定时时间 T 的计算公式见式（5-2）。

$$T = (M - X) \times \frac{12}{f_{osc}} \tag{5-2}$$

则定时器的初值计算公式见式（5-3）。

$$X = M - \frac{T}{12/f_{osc}} \tag{5-3}$$

因为 M 与工作方式的选择有关，所以定时器在每种方式下的最大延时时间也不相同，如果单片机的晶振频率 $f_{osc} = 12\text{MHz}$，则最大的定时时间为：

方式 0 时：$T_{max} = 2^{13} \times 1\mu s = 8.192\text{ms}$

方式 1 时：$T_{max} = 2^{16} \times 1\mu s = 65.536\text{ms}$

方式 2 时：$T_{max} = 2^8 \times 1\mu s = 0.256\text{ms}$

5.3.2 定时器/计数器与中断程序初始化

STC89C52 单片机的定时器/计数器是可编程的，T0 和 T1 的工作模式、工作方式以及定时器/计数器的启动停止等都是通过程序设定的。通常定时器/计数器与中断程序初始化有以下几个步骤：

① 设置特殊功能寄存器 TMOD，配置好工作模式。
② 设置定时器存储寄存器 TH0（TH1）和 TL0（TL1）的初值。
③ 使能总中断与定时器中断。
④ 设置 TCON，通过 TR0（TR1）置"1"来让定时器/计数器开始计数。
⑤ 进入中断后重载定时器存储寄存器的初值。

5.3.3 定时器/计数器与中断应用实例

根据要求合理选择定时器/计数器的工作模式和工作方式，当在定时器工作模式时，要先通过晶振频率计算定时器在每种工作方式下的最大时间，如果定时时间大于最大时间，则需要采用软件变量和定时器中断来扩展定时时间。

【例 5-1】定时器与中断实现秒表。

Proteus 8 仿真电路原理图如图 5-8 所示，通过编写程序实现如下功能：利用定时器 T0 与中断实现 8 位 7 段数码管动态刷新，并每秒显示数值加 1。

单片机晶振频率为 12MHz，定时器 T0 采用方式 1 工作，每隔 1ms 中断一次，并刷新数码管，同时计数，在计数值累加到 1000 时数码管显示数值加 1，并清零计数值。利用公式（5-4）可以计算定时器初值。

$$X = M - \frac{T}{12/f_{osc}} = 2^{16} - \frac{1\text{ms}}{1\mu\text{s}} = 64536 = \text{FC18H} \qquad (5\text{-}4)$$

高位 TH0 为 FCH，低位 TL0 为 18H。

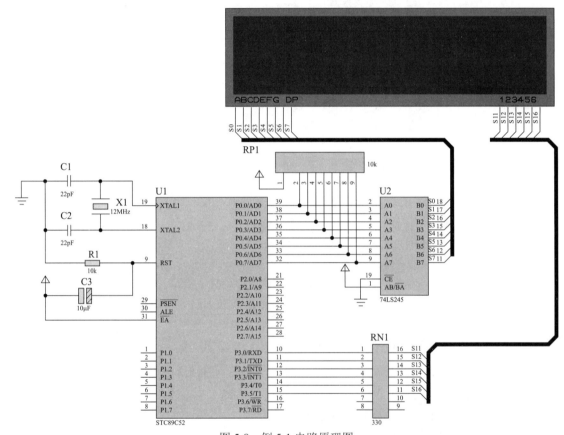

图 5-8　例 5-1 电路原理图

代码如下：

```
#include <reg52.h>
#include <intrins.h>
#define uchar unsigned char
#define uint unsigned int
uchar Count;
sbit Dot=P0^7;
uchar code DSY CODE[]=
{
    0x3f,0x06,0x5b,0x4f,0x66,0x6d,0x7d,0x07,0x7f,0x6f
```

```
};

uchar Digits_of_6DSY[]={0,0,0,0,0,0};

void DelayMS(uint x)
{
    uchar i;
    while(--x)
    {
        for(i=0;i<120;i++);
    }
}

void main()
{
    uchar i,j;
    P0=0x00;
    P3=0xff;
    Count=0;
    TMOD=0x01;
    TH0  =(65535-1000)/256;//TH0=0xfc
    TL0  =(65535-1000)%256;//TL0=0x18
    IE=0x82;
    TR0=1;
    while(1)
    {
        j=0x7f;
        for(i=5;i!=-1;i--)
        {
            j=_crol_(j,1);
            P3=j;
            P0=DSY_CODE[Digits_of_6DSY[i]];
            DelayMS(2);
        }
    }
}

void Time0() interrupt 1
{
    uchar i;
    TH0=(65535-1000)/256;
    TL0=(65535-1000)%256;
```

107

```
if(++Count !=2) return;
Count=0;
Digits of 6DSY[0]++;
for(i=0;i<=5;i++)
{
if(Digits of 6DSY[i]==10)
    {
        Digits of 6DSY[i]=0;
        if(i !=5) Digits of 6DSY[i+1]++;
    }
    else break;
}
}
```

5.4 UART 串口通信

通信，按照传统的理解就是信息的传输与交换。若没有通信，单片机就无法与外界交换信息，所实现的功能也就仅仅局限于单片机本身，无法通过其他设备获取信息，也无法将信息传送给其他设备，从极大程度上限制了系统的可拓展性。单片机的数据传送有并行数据传送和串行数据传送两种方式。并行数据传送的特点是各数据位同时传送，速率高、效率高、成本高。串行数据传送的特点是数据传送按位顺序进行，传输线数量极少、成本低、速率小。单片机与外界的数据传送大多是串行的，其传送的距离可以从几米到几千千米。本节将介绍串行通信的基本概念，串行通信接口电路，STC89C52 单片机的串行口结构、原理和应用。

5.4.1 串行通信基础

通常把单片机与外界的数据传送称为通信，提到的通信大多是指串行通信，串行通信又分为异步和同步两种方式。在单片机中使用的串行通信都是异步方式，因此本节重点介绍异步串行通信。

（1）波特率

波特率可以理解为一个设备在单位时间内发送（或接收）了多少码元的数据，它是对符号传输速率的一种度量，表示单位时间内传输符号的个数，单位为 Baud（波特）。在通信之前，通信双方先要约定好彼此之间的通信波特率，必须保持一致，双方才能正常实现通信。

（2）异步串行通信的字符格式

异步串行通信（Asynchronous Data Communication）以字符为单位传输，遵循起止式异步通信协议（Protocol）。图 5-9 所示为异步串行通信的字符格式。

图 5-9 异步串行通信的字符格式

异步串行通信的字符格式为：

① 起始位：起始位必须是持续一个比特时间的逻辑"0"电平，标志传输一个字符的开始，接收方可利用起始位使自己的接收时钟与发送方的数据同步。

② 数据位：数据位紧跟在起始位之后，是通信中真正有效的信息。数据位的位数可以由通信双方共同约定。传输数据时先传送字符的低位，后传送字符的高位。

③ 奇偶校验位：奇偶校验位仅占一位，用于进行奇校验或偶校验，奇偶校验位不是必须有的。如果是奇校验，需要保证传输的数据总共有奇数个逻辑高位；如果是偶校验，需要保证传输的数据总共有偶数个逻辑高位。

④ 停止位：停止位可以是 1 位、1.5 位或 2 位，可以由软件设定。它一定是逻辑"1"电平，标志着传输一个字符的结束。

⑤ 空闲位：空闲位是指从一个字符的停止位结束到下一个字符的起始位开始，表示线路处于空闲状态，必须由高电平来填充。

⑥ 帧：从起始位开始到停止位结束的全部内容称为一帧。帧是一个字符的完整通信格式，因此称异步串行通信的字符格式为帧格式。

（3）数据通信的传输方式

常用于数据通信的传输方式有单工、半双工、全双工和多工。

① 单工方式：数据传输只支持数据在一个方向上传输。

② 半双工方式：允许数据在两个方向上传输，但某一时刻只允许数据在一个方向上传输，实际上是一种切换方向的单工通信，不需要独立的接收端和发送端，两者可合并为一个端口。

③ 全双工方式：允许数据同时在两个方向上传输，因此全双工通信是两个单工通信的结合，需要独立的接收端和发送端。

④ 多工方式：以上三种传输方式都是用同一线路传输一种频率信号，为了充分地利用线路资源，可通过使用多路复用器或多路集线器，采用频分、时分或码分复用技术，实现在同一线路上资源共享功能，称之为多工方式。

5.4.2 串口通信电路设计

单片机与 PC（个人计算机）串行通信，又称为下位机与上位机的串行通信。采用这种通信方式，可以解决工况条件差对工作人员带来的危害，也可以实现实时在线远距离集中监控。而一般单片机是不能与 PC 直接通信的，需要利用一些转换电路，本节主要针对常用的串行通信电路设计做出具体的阐述。

（1）RS-232 通信接口

RS-232（EIA RS-232）是美国电子工业联盟制定的串行数据通信接口标准，被广泛用于 DCE（Data Communication Equipment，数据通信设备）和 DTE（Data Terminal Equipment，数据终端设备）之间的连接。最早的台式电脑都会保留 9 针的 RS-232 接口，用于串口通信，目前基本被 USB 接口取代。现在 RS-232 接口常用于仪器仪表设备，在 PLC 以及嵌入式领域当作调试口来使用。如图 5-10 所示，左边为 RS-232 公头，右边为 RS-232 母座。

图 5-10　RS-232 接口

RS-232 接口共有 9 个引脚，引脚功能见表 5-6。

表 5-6　RS-232 接口引脚功能表述

引脚	定义	符号
1	载波检测	DCD
2	接收数据	RXD
3	发送数据	TXD
4	数据终端准备好	DTR
5	信号地	GND
6	数据准备好	DSR
7	请求发送	RTS
8	清除发送	CTS
9	振铃提示	RI

要实现这个串口和单片机通信，只需要关注 2 引脚 RXD、3 引脚 TXD 和 5 引脚 GND 即可。虽然这 3 个引脚的名称和单片机上的串口名称一样，但是不能直接和单片机对连通信。对于 RS-232 标准来说，它是个反逻辑，也叫作负逻辑。它的 TXD 和 RXD 的电压，-15～-3V 电压代表逻辑"1"，+3～+15V 电压代表逻辑"0"。低电平代表的是逻辑"1"，而高电平代表的是逻辑"0"，所以称之为负逻辑。因此台式电脑的 9 针 RS-232 串口是不能和单片机直接连接的，需要用一个电平转换芯片 MAX232 来实现连接。转接电路如图 5-11 所示。

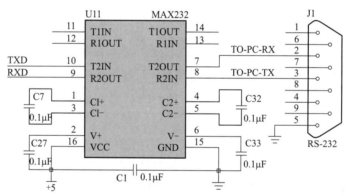

图 5-11　MAX232 转接电路

这块芯片可以实现把标准 RS-232 串口电平转换成单片机能够识别和承受的 UART 0V/5V 电平。事实上，RS-232 串口和 UART 串口的协议类型是一样的，只是电平标准不同而已，而 MAX232 芯片起到的电平转换的作用，它把 UART 电平转换成 RS-232 电平，也把 RS-232 电平转换成 UART 电平，从而实现标准 RS-232 接口和单片机 UART 之间的通信连接。

（2）USB 转串口

随着技术的发展，工业上还在大量使用 RS-232 串口，但是商业技术的应用上，已经开始使用 USB 转串口，绝大多数笔记本电脑已经没有串口这个东西了，那如何实现单片机和笔记本电脑之间的通信呢？只需要在电路上添加一个 USB 转串口芯片，如 CH340T 芯片，就可以成功实现 USB 通信协议和标准 UART 串行通信协议的转换。如图 5-12 所示为 USB 转串口电路。

USB 接口的 DM 和 DP 经过 USB 转 TTL 芯片，这里用的是 CH340T 芯片，芯片的 RXD 和 TXD 分别接到单片机的 TXD 和 RXD，即可实现 PC 端与单片机的 UART 串口通信。

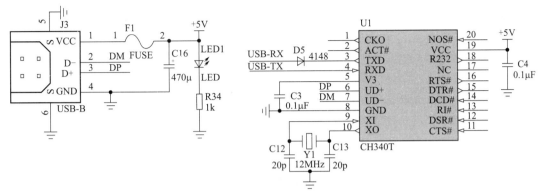

图 5-12　USB 转串口电路

5.4.3　STC89C52 单片机的串行口

STC89C52 单片机内部集成有一个功能很强的全双工串行通信口，与传统 8051 单片机的串口完全兼容。设有两个互相独立的接收、发送缓冲器，可以同时发送和接收数据。发送缓冲器只能写入而不能读出，接收缓冲器只能读出而不能写入，因而两个缓冲器可以共用一个地址码（99H）。两个缓冲器统称为串行口缓冲寄存器（SBUF）。

串行通信设有 4 种工作方式，其中两种方式的波特率是可变的，另两种是固定的，以供不同应用场合选用。波特率由内部定时器/计数器产生，用软件设置不同的波特率和选择不同的工作方式。主机可通过查询或中断方式对接收/发送进行程序处理，使用十分灵活。

STC89C52 单片机串行口对应硬件部分的引脚是 P3.0/RXD 和 P3.1/TXD。在串行口中可供用户使用的是它的寄存器，因此寄存器结构对用户来说十分重要。

（1）串行口的寄存器

① 串行口缓冲寄存器（SBUF）。图 5-13 所示为 STC89C52 串行口缓冲寄存器结构，发送 SBUF 和接收 SBUF 地址同为 99H，实际是两个缓冲器，写 SBUF 的操作完成待发送数据的加载，读 SBUF 的操作可获得已接收到的数据。两个操作分别对应两个不同的寄存器，1 个是只写寄存器，1 个是只读寄存器，发送 SBUF 不能接收数据，接收 SBUF 也不具有发送功能，故二者工作互不干扰。当 CPU 向 SBUF 写入时，数据进入发送 SBUF，同时启动串行发送；CPU 读 SBUF 时，实际上是读接收 SBUF 的数据。

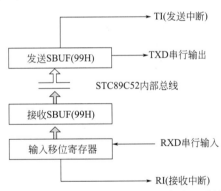

图 5-13　STC89C52 串行口缓冲寄存器结构

② 串行口控制寄存器（SCON）和电源控制寄存器（PCON）。STC89C52 单片机的串行口设有两个控制寄存器：串行口控制寄存器（SCON）和电源控制寄存器（PCON）。

与串行通信有关的控制寄存器主要是 SCON。SCON 是 STC89C52 单片机的一个可位寻址的专用寄存器，用于串行数据通信的控制。寄存器内容及位地址如下：

SFR 名称	地址	位序	D7	D6	D5	D4	D3	D2	D1	D0
SCON	98H	位标志	SM0/FE	SM1	SM2	REN	TB8	RB8	TI	RI

SM0/FE：当 PCON 中的 SMOD0/PCON.6 位为 "1" 时，该位用于帧错误检测。当检测到一个无效停止位时，通过 UART 接收器设置该位。它必须由软件清零。当 PCON 中的 SMOD0/PCON.6 位为 "0" 时，该位和 SM1 一起指定串行通信的工作方式，如表 5-7 所示。

表5-7 串行通信的工作方式

SM0	SM1	工作方式	功能说明	波特率
0	0	方式 0	同步移位串行方式：移位寄存器	波特率是 SYSCLK/12（6）
0	1	方式 1	8 位 UART，波特率可变	$(2^{SMOD}/32) \times$（定时器 1 的溢出率）
1	0	方式 2	9 位 UART	$(2^{SMOD}/64) \times$（SYSCLK 系统工作时钟频率）
1	1	方式 3	9 位 UART，波特率可变	$(2^{SMOD}/32) \times$（定时器 1 的溢出率）

SM2：允许方式 2 或方式 3 多机通信控制位。在方式 2 或方式 3 时，如 SM2 位为 "1"，REN 位为 "1"，则从机处于只有接收到 RB8 位为 "1"（地址帧）时才置位接收中断请求标志位 RI（为 "1"），并向主机请求中断处理。被确认为寻址的从机，则复位 SM2 位为 "0"，从而接收 RB8 为 "0" 的数据。在方式 1 时，如果 SM2 位为 "1"，则只有在接收到有效的停止位时才置位接收中断请求标志位 RI 为 "1"。在方式 0 时，SM2 应为 "0"。

REN：允许/禁止串行接收控制位。由软件置位 REN，即 REN=1 为允许串行接收状态，可启动串行接收器 RXD，开始接收信息。软件复位 REN，即 REN=0，则禁止接收。

TB8：在方式 2 或方式 3 时，它为要发送的第 9 位数据，按需要由软件置位或清零。例如，可用作数据的校验位或多机通信中表示地址帧/数据帧的标志位。

RB8：在方式 2 或方式 3 时，它是接收到的第 9 位数据。在方式 1 时，若 SM2=0，则 RB8 是接收到的停止位。方式 0 时不用 RB8。

TI：发送中断请求标志位。在方式 0 时，当串行发送数据第 8 位结束时，由内部硬件自动置位，即 TI=1，向主机请求中断，响应中断后必须用软件复位，即 TI=0。在其他方式时，则在停止位开始发送时由内部硬件置位，必须用软件复位。

RI：接收中断请求标志位。在方式 0 时，当串行接收数据第 8 位结束时，由内部硬件自动置位，即 RI=1，向主机请求中断，响应中断后必须用软件复位，即 RI=0。在其他方式时，串行接收数据停止位的中间时刻由内部硬件置位，即 RI=1（例外情况见 SM2 说明），必须由软件复位，即 RI=0。

电源控制寄存器格式如下：

SFR 名称	地址	位序	D7	D6	D5	D4	D3	D2	D1	D0
PCON	87H	位标志	SMOD	SMOD0	—	POF	GF1	GF0	PD	IDL

SMOD：波特率选择位。若用软件置位 SMOD，即 SMOD=1，则使串行通信方式 1、方式 2、方式 3 的波特率加倍；SMOD=0，则各工作方式的波特率不加倍。复位时 SMOD=0。

SMOD0：帧错误检测有效控制位。当 SMOD0=1，SCON 中的 SM0/FE 位用于 FE（帧错误检测）功能；当 SMOD0=0，SCON 中的 SM0/FE 位用于 SM0 功能，和 SM1 一起指定串行口的工作方式。复位时 SMOD0=0。

（2）串行通信的工作方式

STC89C52 单片机的串行通信有 4 种工作方式，可通过软件对 SCON 中的 SM0、SM1 的设置进行选择。其中方式 1、方式 2 和方式 3 为异步通信，每个发送和接收的字符都带有 1 个启动位和 1 个停止位。在方式 0 时，串行口被作为 1 个简单的同步移位寄存器使用。

① 串行工作方式 0：同步移位寄存器。在方式 0 状态，串行通信工作在同步移位寄存器方式，当单片机工作在 6 分频模式时，其波特率固定为 SYSCLK/6。当单片机工作在 12 分频模式时，其波特率固定为 SYSCLK/12。串行口数据由 RXD（RXD/P3.0）端输入，同步移位脉冲（SHIFTCLOCK）由 TXD（TXD/P3.1）输出，发送、接收的是 8 位数据，低位在先。其格式如下：

...	D0	D1	D2	D3	D4	D5	D6	D7	...

方式 0 工作时往往需要外部有"串入并出"移位寄存器（输出）和"并入串出"移位寄存器（输入）配合使用，方式 0 多用于将串行口转变为并行口的使用场合，如图 5-14 所示。

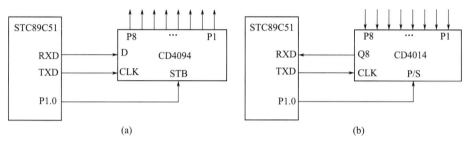

图 5-14 串行工作方式 0 与输入、输出电路的连接示例

图 5-14（a）中 CD4094 是"串入并出"移位寄存器，TXD 端输出频率为 $f_{osc}/12$ 的固定方波信号（移位脉冲），在该移位脉冲的作用下，D 端串行输入数据可依次存入 CD4094 内部 8D 锁存器锁存。P1.0 为选通信号，当 P1.0 为高电平时，内部 8D 锁存器数据并行输出。图 5-14（b）中 CD4014 为"并入串出"移位寄存器，P1～P8 为并行输入端，Q8 为串行输出端，当 P1.0 =1，加在并行输入端 P1～P8 上的数据在时钟脉冲作用下从 Q8 端串行输出。

② 串行工作方式 1：8 位 UART，波特率可变。此方式为 8 位 UART 格式，一帧信息为 10 位：1 位起始位，8 位数据位（低位在先）和 1 位停止位。波特率可变，即可根据需要进行设置。其帧格式为：

起始	D0	D1	D2	D3	D4	D5	D6	D7	停止

方式 1 的发送过程：串行通信模式发送时，数据由串行发送端 TXD 输出。当主机执行一条写 SBUF 的指令，就要启动串行通信的发送，写 SBUF 信号还把"1"装入发送移位寄存器的第 9 位，并通知 TX 控制单元开始发送。

移位寄存器将数据不断右移送 TXD 端口发送，在数据的左边不断移入"0"作补充。当数据的最高位移到移位寄存器的输出位置，紧跟其后的是第 9 位"1"，在它的左边各位全为"0"，这个状态条件下，使 TX 控制单元做最后一次移位输出，然后使允许发送信号"SEND"失效，完成一帧信息的发送，并置位发送中断请求标志位 TI，即 TI=1，向主机请求中断处理。

方式 1 的接收过程：由接收单片机 SCON 中的 REN 置"1"开始，随后串行口不断采样 RXD 端电平，当采样到 RXD 端电平从"1"向"0"跳变时，就认定是接收信号并开始接收从 RXD 端输入的数据，并送入内部接收寄存器 SBUF 中，直到停止位到来之后，将接收中断请求标志位 RI 置"1"，通知 CPU 从 SBUF 中取走接收到的一帧字符。

方式 1 传送数据时发送前应先清 TI，接收前应先清 RI。

③ 串行工作方式 2：9 位 UART，波特率固定。该方式是 11 位为一帧的串行通信，即 1 位起始位、9 位数据位和 1 位停止位。其中第 9 位数据既可作奇偶校验位使用，也可作控制位使用。

其帧格式为：

| 起始 | D0 | D1 | D2 | D3 | D4 | D5 | D6 | D7 | D8 | 停止 |

附加第9位（D8）由软件置"1"或清"0"。发送时单片机自动将 SBUF 中 8 位数据加上 SCON 中 TB8 位进行发送。接收时，单片机将接收到的前 8 位数据送入 SBUF，而在 SCON 中 RB8 位存放第 9 位数据。

④ 串行工作方式 3：9 位 UART，波特率可变。该方式通信过程与方式 2 相似。区别仅在于方式 3 的波特率可通过设置定时器的工作方式和初值来设定。

5.4.4 串行口的应用

【例 5-2】根据串行通信电路原理图（图 5-15），通过编写程序实现：主机按键控制从机 LED 闪烁。

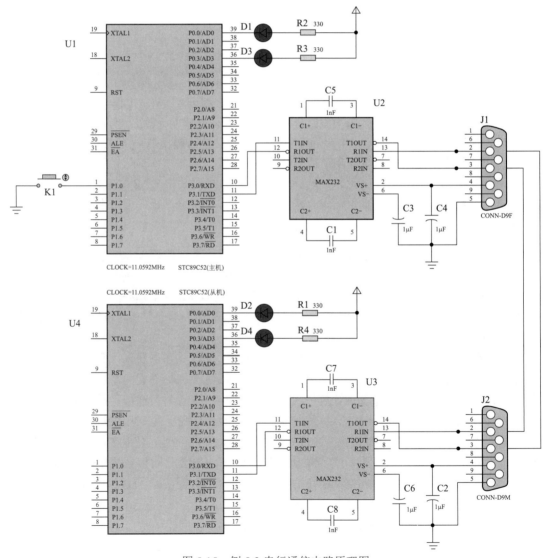

图 5-15 例 5-2 串行通信电路原理图

代码如下：

```c
/***************    主机程序    *******************/
#include <reg52.h>
#define uint unsigned int
#define uchar unsigned char
sbit LED1=P0^0;
sbit LED2=P0^3;
sbit K1=P1^0;

void Delay(uint x)
{
    uchar i;
    while(x--)
    {
        for(i=0;i<120;i++);
    }
}

void putc_to_SerialPort(uchar c)
{
    SBUF=c;
    while(TI==0);
    TI=0;
}

void main()
{
    uchar Operation_NO=0;
    SCON=0x40;
    TMOD=0x20;
    PCON=0x00;
    TH1=0xfd;
    TL1=0xfd;
    TI=0;
    TR1=1;
    while(1)
    {
        if(K1==0)
        {
            while(K1==0);
            Operation_NO=(Operation_NO+1)%4;
        }
        switch(Operation_NO)
        {
```

```
            case 0:
                    LED1=LED2=1;break;
            case 1:
                    putc_to_SerialPort('A');
                    LED1=~LED1;LED2=1;break;
            case 2:
                    putc_to_SerialPort('B');
                    LED2=~LED2;LED1=1;break;
            case 3:
                    putc_to_SerialPort('C');
                    LED1=~LED1;LED2=LED1;break;
        }
        Delay(10);
    }
}
```

```
/***************    从机程序    ******************/
#include <reg52.h>
#define uint unsigned int
#define uchar unsigned char
sbit LED1=P0^0;
sbit LED2=P0^3;

void Delay(uint x)
{
    uchar i;
    while(x--)
    {
        for(i=0;i<120;i++);
    }
}

void main()
{
    SCON=0x50;
    TMOD=0x20;
    TH1=0xfd;
    TL1=0xfd;
    PCON=0x00;
    RI=0;
    TR1=1;
    LED1=LED2=1;
    while(1)
    {
```

```
if(RI)
{
    RI=0;
    switch(SBUF)
    {
        case 'A': LED1=~LED1;LED2=1;break;
        case 'B': LED2=~LED2;LED1=1;break;
        case 'C': LED1=~LED1;LED2=LED1;
    }
}
else
    LED1=LED2=1;
Delay(100);
}
}
```

运行程序后，第一次单击 K1 按键，D1、D2 同时亮；第二次单击 K1 按键，D3、D4 同时亮；第三次单击 K1 按键，D1、D2、D3、D4 同时亮；第四次单击 K1 按键，D1、D2、D3、D4 同时熄灭。

5.5 科研训练案例 4 计数器

（1）任务要求

① 利用 Proteus ISIS 与 Keil μVision5 进行单片机应用系统的仿真调试。

② 电路原理图如图 5-16 所示，以单片机 STC89C52 为主控芯片，利用按键、$\overline{INT0}$ 和 $\overline{INT1}$ 实现计数功能，利用 8 段码实现 3 位数计数器显示功能，按键每按下 1 次，计数器加 1，同时显示加 1，利用按键实现计数器清零功能。

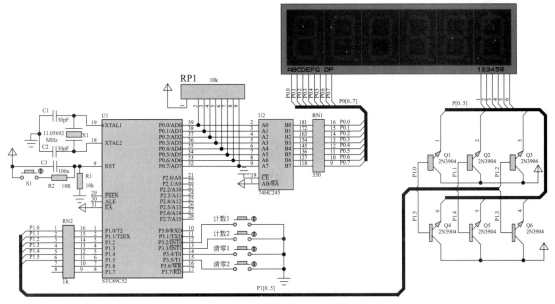

图 5-16 计数器电路原理图

（2）实现过程

① 绘制电路图。在 Proteus 8 中绘制如图 5-16 所示的电路原理图。

② 编写源程序。参考源程序代码如下：

```c
/*
*INT0 与 INT1 中断计数*
*/
#include<reg52.h>
typedef unsigned char uint8;
typedef unsigned int uint16;

sbit K3=P3^4;
sbit K4=P3^5;

void delay(uint16 x)
{
    uint16 i,j;
    for(i=x;i > 0;i --)
        for(j=114;j > 0;j --);
}


code uint8  LED_CODE[]=
{0xc0,0xf9,0xa4,0xb0,0x99,0x92,0x82,0xf8,0x80,0x90,0xff};

code uint8 Scan_BITs[]={0x20,0x10,0x08,0x04,0x02,0x01};

uint8 Buffer_Counts[]={0,0,0,0,0,0};

uint16 Count_A=0, Count_B=0;

void Show_Counts()
{
    uint8 i;
    Buffer_Counts[2]=Count_A / 100;
    Buffer_Counts[1]=Count_A % 100 /10;
    Buffer_Counts[0]=Count_A % 10;
    if(Buffer_Counts[2]==0)
    {
        Buffer_Counts[2]=10;
        if(Buffer_Counts[1]==0)
        Buffer_Counts[1]=10;
    }
```

```
    Buffer_Counts[5]=Count_B / 100;
    Buffer_Counts[4]=Count_B % 100 /10;
    Buffer_Counts[3]=Count_B % 10;
    if(Buffer_Counts[5]==0)
    {
        Buffer_Counts[5]=10;
        if(Buffer_Counts[4]==0)
        Buffer_Counts[4]=10;
    }
    for(i=0;i < 6;i ++)
    {
        P0=0xFF;
        P1=Scan_BITs[i];
        P0=LED_CODE[Buffer_Counts[i]];
        delay(2);
    }
}

void main()
{
    IP=0x05;
    IT0=1;
    IT1=1;
    IE=0x85;
    while(1)
    {
        if(K3==0)
        Count_A=0;
        if(K4==0)
        Count_B=0;
        Show_Counts();
    }
}

void ISR0() interrupt 0
{
    Count_A++;
}

void ISR1() interrupt 2
{
    Count_B++;
}
```

③ 生成.hex 文件。在 Keil μVision5 中创建工程，将.c 文件添加到工程中，编译、链接，生成.hex 文件。

④ 仿真运行。在 Proteus 8 中，打开设计文件，将.hex 文件装入单片机中，启动仿真，观察系统运行效果是否符合设计要求。

本章小结

本章主要讲解了 STC89C52 单片机的中断、定时器/计数器以及串口通信。学习中断的概念、传送方式与结构，以及定时器/计数器的寄存器、工作方式和定时器/计数器与中断的应用。还要学会如何初始化定时器/计数器与中断，选择定时器/计数器的模式以及通过改变定时器/计数器的初值来改变中断时间。应熟悉串口通信的时序，会计算波特率，了解串口的寄存器，知道串口的各个工作方式，并且会设计 USB 转 TTL 的电路。

本章中还给出了科研训练案例 4 的任务要求及实现过程。

思考与练习

1. 什么是中断？单片机为什么采用中断？响应中断的条件是什么？

2. STC89C52 单片机的定时器/计数器四种工作方式有什么不同？通过哪个寄存器设定定时器/计数器的工作模式？

3. 使用定时器与中断，编写一个秒表的程序，要求可以暂停、开始、重置，并使用 Proteus 8 仿真。

4. 什么是串行通信？串行通信的波特率如何设置？

5. STC89C52 单片机的串口有哪几种工作方式？分别有什么区别？

6. STC89C52 单片机的串口包含哪些寄存器？分别有什么功能？

7. 编写单片机采集外部温度值并用数码管显示，同时数据通过串口传送到上位机的程序，并用 Proteus 8 仿真。

第6章 常用芯片及其通信协议

6.1 DS1302 芯片和 SPI 通信协议

在数据采集时要经常进行实时记录。同样，在许多控制系统中，通常也要使用时钟进行一些与时间有关的控制。比如，在测量控制系统中，特别是长时间无人值守的测量控制系统中，经常需要对应准确时间记录某些具有特殊意义的数据，以便研究人员进行分析，所以要求在系统中采用实时时钟芯片。虽然单片机中都集成有定时器，配合软件可以作为系统的时间基准，构成一个实时时钟，但定时器通常工作在中断方式而频繁地中断 CPU 的工作，且每次开机都要重新设定标准时间，使用不方便，还占用单片机定时器资源。所以采用实时时钟芯片提供实时数据是比较方便的。

6.1.1 SPI 通信协议

SPI（Serial Peripheral Interface，串行外围设备接口）是 Motorola 公司首先在 MC68HC×× 系列处理器上定义的。SPI 主要应用在 EEPROM、Flash、实时时钟、A/D 转换器，以及数字信号处理器和数字信号解码器之间。SPI 是一种高速的、全双工、同步的通信总线，并且在芯片的引脚上只占用 4 根线，节约了芯片的引脚，同时为 PCB 的布局节省了空间，提供了方便。SPI 通信原理比 I²C（内部集成电路）要简单，主要是以主从方式通信，这种方式通常只有一个主机和一个或多个从机，标准的 SPI 是 4 根线，分别是 SSEL（片选，也写作 $\overline{CS}$ ）、SCLK（时钟，也写作 SCK）、MOSI（Master Output Slave Input，主机输出从机输入）和 MISO（Master Input Slave Output，主机输入从机输出）。常见的连接方式如图 6-1 所示。

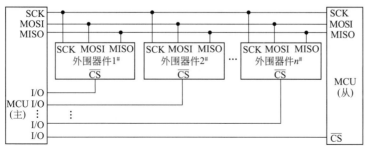

图 6-1 SPI 通信常见的连接方式

SSEL/$\overline{CS}$：从设备片选使能信号，用于 Master（主）设备（机）片选 Slave（从）设备，使被选中的 Slave（从）设备能够和 Master（主）设备进行通信。

SCLK/SCK：时钟信号，由主机产生，主要的作用是 Master 设备向 Slave 设备传输时钟信号，控制数据交换的时机以及速率。

MOSI：主机给从机发送指令或数据的通道。

MISO：主机读取从机的状态和数据的通道，或者说是从机向主机发送自身状态和数据的通道。

注意，在某些情况下，可能会用到 3 根线或者 2 根线的 SPI 进行通信。使用 3 根线进行通信主要包括以下三种情况。第一，当从机只需要接收从主机发送过来的指令或数据而不用向主机发送数据时，就可以不要 MISO 这根线，比如，有一个遵循 SPI 通信协议的 OLED（有机发光二极管）屏，主机只需要向它发送数据让它显示出来就可以了，而不必读取它的状态或数据。第二，当从机只需要向主机发送数据而不必接收主机发送的指令和数据时，就可以不要 MOSI 这根线。第三，当只有一个从机时，如果从机的片选端是低电平有效，可以直接将从机的片选端接地，即直接选中该从机，此时就可以不要 SSEL 这根线。如果只有一个从机，并且该从机只需要接收主机发送的指令和数据，就可以不要 SSEL 和 MISO 这 2 根线。同理，只有一个从机，该从机只需要向主机发送自身状态和数据，就可以不要 SSEL 和 MOSI 这 2 根线。

单片机在使用 SPI 通信协议读/写数据时序的过程中，有四种模式，这四种模式与"CPOL"和"CPHA"这两个名词密切相关。

CPOL：时钟极性（Clock Polarity）。通信的整个过程分为空闲状态和通信状态，CPOL 设置空闲状态期间时钟信号的极性。CPOL=1，设置空闲状态时钟信号 SCLK 为高电平；CPOL=0，设置空闲状态时钟信号 SCLK 为低电平。

CPHA：时钟相位（Clock Phase）。一个时钟周期会有两个跳变沿，而相位直接决定 SPI 总线从哪一个跳变沿开始输出数据以及从哪一个跳变沿开始采样数据。假设此时主机输出数据，从机接收数据：若 CPHA=1，主机数据的输出是在第一个跳变沿，从机从第二个跳变沿开始采样；若 CPHA=0，主机数据的输出是在第二个跳变沿，从机从第一个跳变沿开始采样。那么就存在一个问题，当一帧数据开始传输第一个 bit（位）时，在时钟的第一个跳变沿就要采样数据了，既然采样了数据，说明数据已经输出了，那么是在什么时候输出了数据呢？有两种情况：一是 SSEL 使能的边沿，二是上一帧数据的最后一个时钟跳变沿，有时这两种情况会同时发生。

整体的传输大概可以分为以下几个过程：

① 主机先将 $\overline{CS}$ 信号拉低，这样保证开始接收数据。

② 当接收端检测到时钟的边沿信号时，它将立即读取数据线上的信号，这样就得到了一位数据（1bit）。

③ 主机发送数据到从机：主机产生相应的时钟信号，然后将数据一位一位地从 MOSI 信号线上发送到从机。

④ 主机接收从机数据：如果从机需要将数据发送回主机，则主机会继续生成预定数量的时钟信号，并且从机会将数据通过 MISO 信号线发送。

当 CPOL=0，CPHA=0 时，为模式 0。在此模式下，时钟极性为 0，表示时钟信号在空闲状态为低电平。此模式下的时钟相位为 0，表示数据在上升沿采样，在下降沿输出，该模式的时序图如图 6-2 所示。

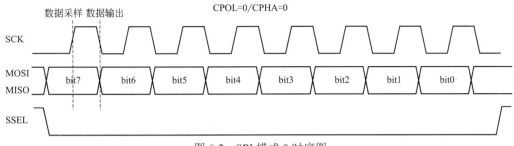

图 6-2　SPI 模式 0 时序图

当 CPOL=0，CPHA=1 时，为模式 1。在此模式下，时钟极性为 0，表示时钟信号在空闲状态为低电平。此模式下的时钟相位为 1，表示数据在下降沿采样，在上升沿输出，该模式的时序图如图 6-3 所示。

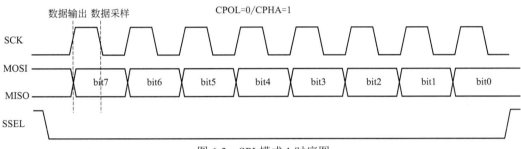

图 6-3　SPI 模式 1 时序图

当 CPOL=1，CPHA=0 时，为模式 2。在此模式下，时钟极性为 1，表示时钟信号在空闲状态为高电平。此模式下的时钟相位为 0，表示数据在下降沿采样，在上升沿输出，该模式的时序图如图 6-4 所示。

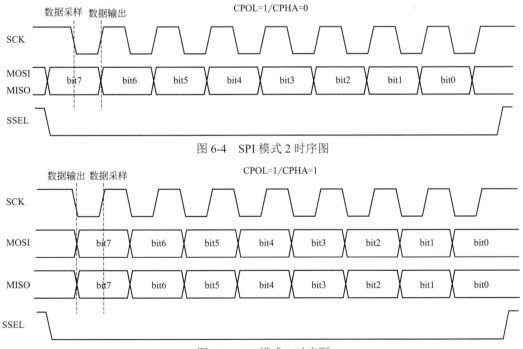

图 6-4　SPI 模式 2 时序图

图 6-5　SPI 模式 3 时序图

当 CPOL=1，CPHA=1 时，为模式 3。在此模式下，时钟极性为 1，表示时钟信号在空闲状态为高电平。此模式下的时钟相位为 1，表示数据在上升沿采样，在下降沿输出，该模式的时序图如图 6-5 所示。

SPI 的四种模式及 CPOL 和 CPHA 的配置如表 6-1 所示。

表 6-1　SPI 的四种模式及 CPOL 和 CPHA 的配置

SPI 模式	CPOL	CPHA	空闲状态下的时钟极性	输出和采样的时钟相位
0	0	0	逻辑低电平	数据在下降沿输出，上升沿采样
1	0	1	逻辑低电平	数据在下降沿采样，上升沿输出
2	1	0	逻辑高电平	数据在下降沿采样，上升沿输出
3	1	1	逻辑高电平	数据在上升沿采样，下降沿输出

6.1.2　DS1302 芯片

DS1302 芯片是 Dallas 公司推出的涓流充电时钟芯片，内含实时时钟/日历和 31 字节静态 RAM，可通过简单的串行接口与单片机进行通信。

（1）DS1302 芯片功能特性

DS1302 芯片实时时钟日历电路可提供秒、分、时、日、星期、月和年的信息，一个月小于 31 天时可自动调整，闰年天数也可自动调整，有效期至 2100 年。可采用 12 小时或 24 小时格式计时，并且可以关闭充电功能，在保持状态时，低功耗，功率小于 1mW，采用普通 32768Hz 晶振。芯片功能特性如下：

① 31 字节带后备电池的 RAM 用于存储数据，该 RAM 相当于一个存储器，在进行单片机编程时，可以将数据存储在 DS1302 芯片中，需要时再读出来。

② 串行 I/O 口，共有 8 个引脚，引脚数量少。

③ 宽范围工作电压：2.0～5.5V。

④ 工作电压为 2.0V 时，电流小于 300nA。

⑤ 采用双电源（主电源和后备电源）供电，可为掉电保护电源提供可编程的充电功能，同时提供了对后备电源进行涓细电流充电的功能，在外接电源（主电源）断电时后备电源能续电使主机在一定时间内不丢失数据或设置。

⑥ 读/写时钟或 RAM 数据时有两种传送方式：单字节传送和突发传送。

⑦ 有 DIP-8 封装和 SOP-8 封装。

⑧ 简单的 SPI 3 线接口。

⑨ 当供电电压是 5V 时，兼容标准的 TTL 电平，可以完美地和单片机进行通信。

（2）DS1302 芯片的引脚

DS1302 芯片的引脚排列如图 6-6 所示。

其中，VCC1 为后备电源，VCC2 为主电源。在单电源与电池供电的系统中，VCC2 提供低电源与低功率的电池备份。在双电源系统中，VCC2 提供主电源，在这种方式下 VCC1 连接到后备电

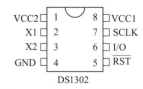

图 6-6　DS1302 芯片引脚排列

源，如采用镉镍可充电电池，在主电源正常时，则启用内部涓流充电器给电池充电，使电池的使用时间延长。在主电源关闭的情况下，也能保持时钟的连续运行，以保存时间信息以及数据。DS1302 芯片由两者中的较大者供电，当 VCC2 大于 VCC1+0.2V 时，DS1302 芯片由 VCC2 供电，反之，DS1302 芯片由 VCC1 供电。

X1 和 X2 是振荡源，外接 32.768kHz 晶振。

$\overline{\text{RST}}$ 是复位/片选线，在读或写期间，$\overline{\text{RST}}$ 必须保持高电平。所有的数据传输都是通过将 $\overline{\text{RST}}$ 置为高电平来启动的。$\overline{\text{RST}}$ 输入有两个功能。第一，$\overline{\text{RST}}$ 打开控制逻辑，它允许地址/命令序列送入移位寄存器。第二，$\overline{\text{RST}}$ 提供了一种终止单字节或多字节数据传输的方法。

I/O 为串行数据输入/输出端（双向）。

SCLK 为时钟输入端。

DS1302 芯片的引脚名称及功能见表 6-2。

表 6-2 DS1302 芯片引脚名称及功能

引脚编号	引脚名称	引脚功能
1	VCC2	主电源引脚，当 VCC2 比 VCC1 高 0.2V 以上时，DS1302 芯片由 VCC2 供电，当 VCC2 低于 VCC1 时，DS1302 芯片由 VCC1 供电
2	X1	这两个引脚之间需要外接一个 32.768kHz 的晶振，给 DS1302 芯片提供一个基准。特别注意，要求这个晶振的引脚负载电容必须是 6pF，而不是要加 6pF 的电容。如果使用有源晶振，接到 X1 上即可，X2 悬空
3	X2	
4	GND	接地
5	$\overline{\text{RST}}$	DS1302 芯片的输入引脚。当读/写 DS1302 芯片时，这个引脚必须是高电平，DS1302 芯片这个引脚内部含有一个 40kΩ 的下拉电阻
6	I/O	这个引脚是一个双向通信引脚，读/写数据都是通过这个引脚完成。DS1302 芯片这个引脚的内部含有一个 40kΩ 的下拉电阻
7	SCLK	输入引脚。SCLK 是用来通信的时钟信号。DS1302 芯片这个引脚的内部含有一个 40kΩ 的下拉电阻
8	VCC1	后备电源引脚

（3）DS1302 芯片的命令控制字

DS1302 芯片的命令控制字如表 6-3 所示。每个数据的传输都由一个命令字节启动。MSB（最高位，位 7）必须是一个逻辑 1，如果它为 0，则禁用对 DS1302 芯片的写入；R/C（位 6）是 DS1302 芯片内 RAM/时钟选择位，为 1 表示选择 RAM 进行内部 31 字节的读/写操作，为 0 表示选择时钟进行日历时钟数据的读/写操作；位 1 到位 5 指定输入或输出的指定寄存器；R/W（位 0）为最低有效位，表示读/写控制位，为 1 表示读操作，为 0 表示写操作。命令字节总是从 LSB（最低位）开始输入，遵守先低后高的原则。

表 6-3 DS1302 芯片的命令控制字

位序	D7	D6	D5	D4	D3	D2	D1	D0
位标志	1	R/C	A4	A3	A2	A1	A0	R/W

（4）DS1302 芯片的数据传送

DS1302 芯片采用 $\overline{\text{RST}}$、SCLK 和 I/O 3 线接口方式进行数据传送。当 $\overline{\text{RST}}$ 为高电平时，所有的数据传送被初始化，单片机和 DS1302 芯片进行通信。如果在传送过程中 $\overline{\text{RST}}$ 置为低电平，则终止此次数据传送，禁止通信，I/O 引脚变为高阻态。SCLK 提供串行通信时的位同步时钟信号，一个 SCLK 脉冲传送一位数据。写入数据时，在单片机发送 8 位命令控制字后的下一个 SCLK 时钟的上升沿时，数据被写入 DS1302 芯片；同样，读取数据时，在 8 位命令控制字后的下一个 SCLK 脉冲的下降沿时，读出 DS1302 芯片的数据。读/写数据时都从低位至高位，只要 $\overline{RST}$ 保持高电平，则在 8 位命令控制字后 DS1302 芯片可进行 8 字节或 31 字节片内 RAM 单元数据的读/写操作，这个特性用于实现突发读模式。DS1302 芯片的单字节数据传送和多字节的数据传送时序如图 6-7 所示。

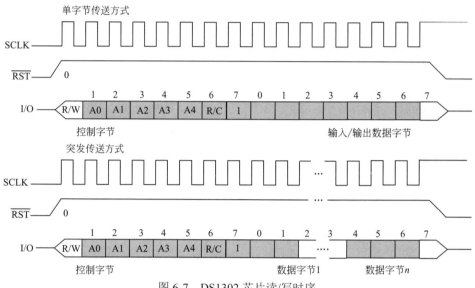

图 6-7　DS1302 芯片读/写时序

（5）DS1302 芯片的寄存器

DS1302 芯片共有 12 个寄存器与日历、时钟相关，其中有 7 个寄存器以 BCD 码形式存放数据位。此外，DS1302 芯片还有写保护寄存器、充电寄存器、时钟突发寄存器及与 RAM 相关的寄存器，如表 6-4 所示。时钟突发寄存器可一次性顺序读/写除充电寄存器外的所有寄存器内容。秒寄存器的 bit7 是时钟暂停控制位，为 1 时暂停时钟振荡器，DS1302 芯片进入低功耗状态；为 0 时启动时钟振荡器。时寄存器的 bit7 为 12 或 24 小时的选择位，为 1 时选择 12 小时方式，为 0 时选择 24 小时方式。在 12 小时方式时，根据 bit5 选择 AM/PM，为 1 时选择 PM，为 0 时选择 AM。在 24 小时方式时，bit5 为小时的十位 2。

表 6-4　部分 DS1302 芯片内部寄存器地址与内容

寄存器	命令字		取值范围	寄存器内容							
	写	读		bit7	bit6	bit5	bit4	bit3	bit2	bit1	bit0
秒寄存器	80H	81H	00～59	CH		10s			SEC		
分寄存器	82H	83H	00～59	0		10min			MIN		
时寄存器	84H	85H	0～23 或 0～12	12/24	0	10 AM/PM	HR		HR		
日寄存器	86H	87H	1～31	0	0	10 DATE			DATE		
月寄存器	88H	89H	1～12	0	0	0	10 MONTH		MONTH		
周寄存器	8AH	8BH	1～7	0	0	0		0		DAY	
年寄存器	8CH	8DH	00～99	10 YEAR				YEAR			
写保护寄存器	8EH	8FH		WP	0	0	0	0	0	0	0
充电寄存器	90H	91H		TCS	TCS	TCS	TCS	DS	DS	RS	RS
时钟突发寄存器	AEH	AFH									

DS1302 芯片中与 RAM 相关的寄存器分为两类：一类是单个 RAM 单元，共 31 个，每个单元由 8 位二进制数组成，其命令控制字为 C0H～FDH，其中奇数为读操作，偶数为写操作；另一类为突发方式下的 RAM 寄存器，此方式下可一次性读/写所有 RAM 的 31 个字节,命令控制字为 FEH（写）、FFH（读）。

6.1.3　DS1302 芯片的简单应用

图 6-8 所示是 DS1302 时钟系统设计的 Proteus 仿真电路，主要包括单片机 STC89C52、DS1302 芯片和液晶显示模块 LCD1602。DS1302 芯片的 X1 和 X2 端外接 32.768kHz 晶振，$\overline{RST}$ 接在单片机 P1.5 上,此引脚为高电位时,选中该芯片,可对其进行操作。串行数据线 I/O 与串行时钟线 SCLK 分别接在 P1.7 和 P1.6 上，所有的单片机地址、命令及数据均通过这 2 条线传输。在本系统中，STC89C52 在总线上产生时钟脉冲、寻址信号、数据信号等，而 DS1302 芯片则相应接收数据、送出数据。通过 LCD1602 显示当前时间。

【例 6-1】根据图 6-8，利用 DS1302 芯片和液晶显示模块 LCD1602，编写程序，通过 LCD1602 显示当前时间。

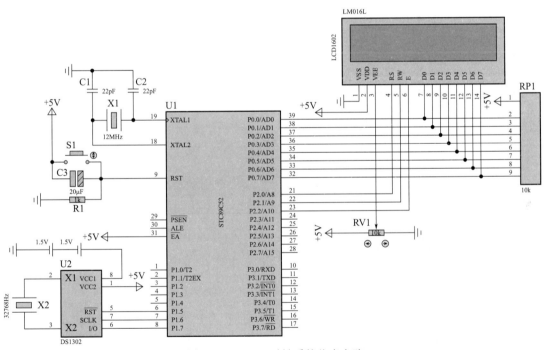

图 6-8　DS1302 时钟系统仿真电路

程序如下：

```
#include <REGX52.H>
#include "LCD1602.h"
#include "DS1302.h"
void Delay1ms(unsigned int count)
{
unsigned int i,j;
```

```
    for(i=0;i<count;i++)
        for(j=0;j<120;j++);
}
void main()
{
    SYSTEMTIME CurrentTime;
    LCD_Initial();
    Initial_DS1302();
    GotoXY(0,0);
    Print("Date: ");
    GotoXY(0,1);
    Print("Time: ");
    while(1)
    {
        DS1302_GetTime(&CurrentTime);
        DateToStr(&CurrentTime);
        TimeToStr(&CurrentTime);
        GotoXY(6,0);
        Print(CurrentTime.DateString);
        GotoXY(6,1);
        Print(CurrentTime.TimeString);

        Delay1ms(300);
    }
}
```

6.2 EEPROM 和 IIC 通信协议

6.2.1 IIC 通信协议

IIC（Inter Integrated Circuit，内部集成电路，也可简称为 I²C）总线是一种由 Philips 公司在 20 世纪 80 年代开发的两线式串行总线，用于连接微控制器及其外围设备。

（1）IIC 的物理层

IIC 通信协议采用 2 条信号线、1 条时钟线（SCL）和 1 条数据线（SDA），SCL 是由主模块输入的时钟信号，是单向信号，而 SDA 是由主机或从机控制的数据信号，是双向信号。IIC 属于串行半双工通信；每个连接到 IIC 总线的器件都可以通过唯一的地址和其他器件通信，主机/从机角色和地址可配置，主机可以作为主机发送器和主机接收器；IIC 是真正的多主机总线（SPI 在每次通信前都需要把主机定死，而 IIC 可以在通信过程中，改变主机），如果两个或更多的主机同时请求总线，可以通过冲突检测和仲裁防止总线数据被破坏；标准模式的传输速率为 100Kbit/s，快速模式为 400Kbit/s。IIC 连接方式如图 6-9 所示。

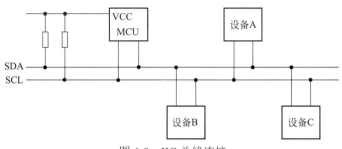

图 6-9　IIC 总线连接

（2）IIC 的协议层

一般情况下，一个标准的 IIC 通信有四种信号：开始信号、数据传输信号、应答信号、停止信号。在 IIC 空闲时，SDA、SCL 都为高电平。当需要进行一次 IIC 数据传输时，由主机发送一个开始信号；接着主机对从机寻址，可以开始在总线上传输数据。IIC 总线上传输的每一个字节均为 8 位，首先发送数据位的最高位，每传输一个字节后都必须跟随一个应答位，每次通信的数据字节数没有限制；在全部数据传输结束后，由主机发送停止信号，结束通信。IIC 的时序图如图 6-10 所示。

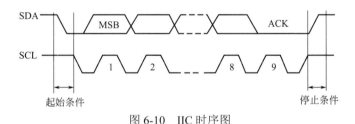

图 6-10　IIC 时序图

IIC 总线以串行方式传输数据，从数据字节的最高位开始传输。如图 6-11 所示，在时钟线高电平期间数据线上必须保持稳定的逻辑电平状态，即只有在时钟线高电平时，传输的数据才有效，数据线高电平为数据"1"，低电平为数据"0"。只有在时钟线为低电平时，才允许数据线上的电平状态变化，即可以在此时改变传输数据中的一位数据。

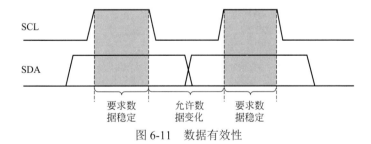

图 6-11　数据有效性

（3）IIC 的起始信号、停止信号和应答信号

起始信号：如图 6-12 所示，当 SCL 为高电平时，SDA 由高电平跳变为低电平，产生一个起始信号。

停止信号：如图 6-13 所示，当 SCL 为高电平时，SDA 由低电平跳变为高电平，产生一个停止信号。

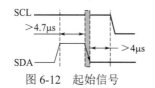
图 6-12　起始信号

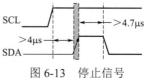
图 6-13　停止信号

应答信号：发送器每发送一个字节（8bit），就在第 9 个时钟周期释放数据线，由接收器反馈一个应答信号。如图 6-14 所示，SDA 为低电平时，规定为有效应答位（ACK，简称应答位），表示接收器已经成功地接收了该字节；SDA 为高电平时，规定为非应答位（NACK）。

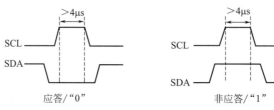
图 6-14　应答与非应答信号

（4）使用 IIC 总线进行通信

IIC 总线上的每一个设备都可以作为主设备或者从设备，而且每一个设备都对应一个唯一的地址（地址通过物理方式接地或者拉高），主、从设备之间就通过这个地址来确定与哪个器件进行通信。在通常的应用中，把带 IIC 总线接口的 MCU（微控制单元）作为主设备，把挂接在总线上的其他设备作为从设备。也就是说，主设备在传输有效数据之前要先指定从设备的地址，地址指定的过程和数据传输的过程一样，只不过大多数从设备的地址是 7 位的，然后协议规定再给地址添加一个最低位用来表示接下来数据传输的方向，0 表示主设备向从设备写数据，1 表示主设备向从设备读数据，即地址和传输方向是在一个字节中的，要一起发送。数据传输过程如图 6-15 所示。

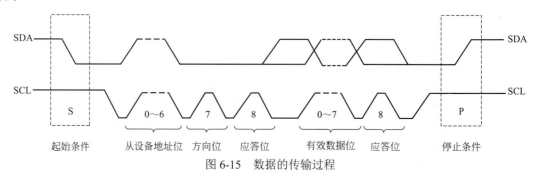
图 6-15　数据的传输过程

① 写数据模式。主机向从机中写数据，写数据格式如图 6-16 所示。图中阴影部分表示主机向从机发送的信息，空白表示从机向主机发送的信息。S 表示起始信号，P 表示停止信号，A 表示应答，$\overline{A}$ 表示非应答。

首先主机产生一个起始信号，接着主机发送一个包含从机地址信息和传输方向信息的 8 位数据，该数据的 D1～D7 表示从机地址，D0 表示传输方向，IIC 上挂载的从机将自己的地址与 D1～D7 所表示地址进行比较，如果相同，该从机向主机发送一个应答信号，主机接收到应答信号后就可以向从机发送数据，主机每发送一个字节的数据，从机就会向主机发送一个应答位，在最后一个字节数据发送结束后，从机产生一个应答位。无论该应答位是应答还是非应答，主机都发送停止信号来结束此次通信。注意主机可以在任何时刻产生一个停止信号来结束通信。在传输过程中，传输方向不发生改变。

② 读数据模式。主机读取从机中的数据，读数据格式如图 6-17 所示。

图 6-16　写数据格式　　　　　　　　图 6-17　读数据格式

首先主机产生一个起始信号，接着主机发送一个包含从机地址信息和传输方向信息的 8 位数据，该数据的 D1～D7 表示从机地址，D0 表示传输方向，IIC 上挂载的从机将自己的地址与 D1～D7 所表示地址进行比较，如果相同，该从机向主机发送一个应答信号，然后从机向主机发送数据，每发送一个字节的数据，主机都会产生一个应答位。当数据发送完毕或者主机希望结束此次通信时，则主机在接收完最后一个字节后发送一个非应答信号，最后主机再产生一个停止信号来结束此次通信。在传输过程中，传输方向不发生改变。

③ 复合模式。除了上述写数据模式和读数据模式外，还存在复合模式，前面两种模式中的数据传输方向都是固定的——只由主机到从机或只由从机到主机，而在复合模式下，主机可以通过重新发送起始信号改变数据传输方向，即同一次通信过程中存在两个数据传输方向，传输格式如图 6-18 所示。

图 6-18　复合模式传输格式

复合模式结合了前两种模式的特点，主机通过发送重复起始信号改变数据传输方向，实现读/写切换。发送数据的主机若要改变传输方向或者终止通信，则在从机发出一个应答位后，主机重复发出起始信号或者停止信号。同样地，接收数据的主机要想改变传输方向或者终止通信，在发送重复起始信号和停止信号前都要先产生非应答响应信号。

复合模式可以实现主机数据的先发送后接收，最典型的应用是通过 IIC 总线读取 EEPROM 中的数据，即主机（MCU）先发送要读取数据在 EEPROM 内的地址，随后切换模式接收 EEPROM 返回的数据。

由于 51 系列单片机没有硬件 IIC，所以我们使用软件来模拟 IIC 的通信，相比于硬件 IIC，软件 IIC 具有易移植的特点。

```
#include <reg52.h>
#include <intrins.h>
#define I2CDelay() {_nop_();_nop_();_nop_();_nop_();}
sbit I2C_SCL=P3^7;
sbit I2C_SDA=P3^6;
/* 产生总线起始信号 */
void I2CStart()
```

```
{
I2C_SDA=1;//首先确保 SDA、SCL 都是高电平
I2C_SCL=1;
I2CDelay();
I2C_SDA=0;//先拉低 SDA
I2CDelay();
I2C_SCL=0;//再拉低 SCL
}
/* 产生总线停止信号 */
void I2CStop()
{
I2C_SCL=0;//首先确保 SDA、SCL 都是低电平
I2C_SDA=0;
I2CDelay();
I2C_SCL=1;//先拉高 SCL
I2CDelay();
I2C_SDA=1;//再拉高 SDA
I2CDelay();
}
/* I2C 总线写操作, dat—待写入字节, 返回值—从机应答位的值 */
bit I2CWrite(unsigned char dat)
{
bit ack;//用于暂存应答位的值
unsigned char mask;//用于探测字节内某一位值的掩码变量
for (mask=0x80;mask!=0;mask>>=1)//从高位到低位依次进行
{
if ((mask&dat)==0)//该位的值输出到 SDA 上
I2C_SDA=0;
 else
 I2C_SDA=1;
 I2CDelay();
 I2C_SCL=1;//拉高 SCL
 I2CDelay();
 I2C_SCL=0;//再拉低 SCL, 完成一个位周期
 }
 I2C_SDA=1;//8 位数据发送完后, 主机释放 SDA, 以检测从机应答
 I2CDelay();
 I2C_SCL=1;//拉高 SCL
 ack=I2C_SDA;//读取此时的 SDA 值, 即为从机的应答值
 I2CDelay();
 I2C_SCL=0;//再拉低 SCL 完成应答位, 并保持住总线
 return (~ack);//应答值取反以符合通常的逻辑:
//0=不存在或忙或写入失败, 1=存在且空闲或写入成功
```

```
}
/* I2C 总线读操作，并发送非应答信号，返回值—读到的字节 */
unsigned char I2CReadNAK()
{
 unsigned char mask;
 unsigned char dat;
 I2C_SDA=1;//首先确保主机释放 SDA
 for (mask=0x80;mask!=0;mask>>=1)//从高位到低位依次进行
 {
 I2CDelay();
 I2C_SCL=1;//拉高 SCL
 if(I2C_SDA==0)//读取 SDA 的值
 dat &=~mask;//为 0 时，dat 中对应位清"0"
 else
 dat |=mask;//为 1 时，dat 中对应位置"1"
 I2CDelay();
 I2C_SCL=0;//再拉低 SCL，以使从机发送出下一位
 }
 I2C_SDA=1;//8 位数据发送完后，拉高 SDA，发送非应答信号
 I2CDelay();
 I2C_SCL=1;//拉高 SCL
 I2CDelay();
 I2C_SCL=0;//再拉低 SCL 完成非应答位，并保持住总线
 return dat;
}
/* I2C 总线读操作，并发送应答信号，返回值—读到的字节 */
unsigned char I2CReadACK()
{
 unsigned char mask;
 unsigned char dat;
 I2C_SDA=1;//首先确保主机释放 SDA
 for (mask=0x80;mask!=0;mask>>=1)//从高位到低位依次进行
 {
 I2CDelay();
 I2C_SCL=1;//拉高 SCL
 if(I2C_SDA==0)//读取 SDA 的值
 dat &=~mask;//为 0 时，dat 中对应位清"0"
 else
 dat |=mask;//为 1 时，dat 中对应位置"1"
 I2CDelay();
 I2C_SCL=0;//再拉低 SCL，以使从机发送出下一位
 }
 I2C_SDA=0;//8 位数据发送完后，拉低 SDA，发送应答信号
```

```
I2CDelay();
I2C_SCL=1;//拉高 SCL
I2CDelay();
I2C_SCL=0;//再拉低 SCL 完成应答位，并保持住总线
return dat;
}
```

6.2.2　EEPROM 介绍

　　EEPROM 指带电可擦可编程只读存储器，是一种掉电后数据不会丢失的存储芯片（在运行时可以改变数据，而在掉电后不能改变数据），可以重复擦写 30 万～100 万次，数据可以保存 100 年。常用的 EEPROM 芯片有 AT24C01、AT24C02、AT24C04、AT24C08、AT24C16 等。下面以 AT24C02 芯片为例来介绍 EEPROM 的读/写过程。

　　AT24C02 芯片是一个串行 CMOS EEPROM，内部含有 256 个 8 位字节，采用先进 CMOS（互补金属氧化物半导体）技术，减少了器件的功耗。AT24C02 芯片内部有一个 8 字节页写缓冲器，该器件通过 IIC 总线接口进行操作，有一个专门的写保护功能，它的工作电压为 1.8～5.5V，擦除次数可达 10 万次以上，存储数据时间超过 100 年。芯片引脚如图 6-19 所示。

　　如图 6-20 所示，AT24C02 芯片的设备地址一共有 7 位，其中高 4 位固定为 1010，低 3 位则由 A2A1A0 信号线的电平决定，R/$\overline{W}$ 是读/写方向位，与地址无关。AT24C02 芯片中还有一个 WP 引脚，具有写保护功能，当该引脚为高电平时，禁止写入数据，当引脚为低电平时，可写入数据。SDA 引脚和主机的 SDA 连接在一起，SCL 引脚和主机的 SCL 连接在一起。NC 引脚不连接。

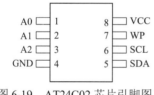

图 6-19　AT24C02 芯片引脚图

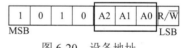

图 6-20　设备地址

　　芯片引脚功能如表 6-5 所示。

表 6-5　芯片引脚功能

引脚	功能	引脚	功能
A0～A2	地址输入	NC	不连接
SDA	IIC 的 SDA 信号线	GND	接地
SCL	IIC 的 SCL 时钟线	VCC	电源
WP	写保护		

6.2.3　读/写 EEPROM

　　EEPROM 写数据流程。第一步，主机发出起始信号，接着发送 EEPROM 器件地址，并且进行写操作，从机产生应答位。第二步，发送存储数据的存储地址，从机产生应答位。AT24C02 一共有 256 个字节的存储空间，地址从 0x00～0xff，想把数据存储在哪个位置，就写哪个地址。第

三步，发送数据，每发送一个字节的数据，EEPROM 都会产生应答位，若应答位为 1，表示写数据失败，若为 0，表示写数据成功，在写数据的过程中，每成功写入一个字节，EEPROM 存储空间的地址就会自动加 1，当加到 0xff 后，再写一个字节，地址会溢出又变成 0x00。第四步，主机产生停止信号，结束通信。

EEPROM 读数据流程。第一步，主机发出起始信号，接着发送 EEPROM 器件地址，并且进行写操作，从机产生应答位。此时进行写操作是为了下一步能够向 EEPROM 发送要读取的数据的存储空间地址。第二步，主机发送要读取的数据的地址，从机产生应答位。第三步，重新发送 IIC 起始信号。第四步，主机发送 EEPROM 器件地址，并且进行读操作。第五步，主机读取从机发回的数据，读完一个字节，如果还想继续读下一个字节，就发送一个应答位，如果不想读了，就发送一个非应答位，在读数据过程中，每读一个字节，地址会自动加 1。第六步，主机产生一个停止信号，结束通信。

EEPROM 单字节读/写操作程序。

```
/* 读取 EEPROM 中的一个字节, addr—字节地址 */
unsigned char E2ReadByte(unsigned char addr)
{
 unsigned char dat;

 I2CStart();
 I2CWrite(0x50<<1);//寻址器件, 后续为写操作
 I2CWrite(addr);//写入存储地址
 I2CStart();//重复发送起始信号
 I2CWrite((0x50<<1)|0x01);//寻址器件, 后续为读操作
 dat=I2CReadNAK();//读取一个字节数据
 I2CStop();

 return dat;
}
/* 向 EEPROM 中写入一个字节, addr—字节地址 */
void E2WriteByte(unsigned char addr, unsigned char dat)
{
 I2CStart();
 I2CWrite(0x50<<1);//寻址器件, 后续为写操作
 I2CWrite(addr);//写入存储地址
 I2CWrite(dat);//写入一个字节数据
 I2CStop();
}
```

在给 EEPROM 发送数据后，数据先保存在 EEPROM 的缓存中，EEPROM 必须将缓存中的数据搬移到"非易失"的区域，才能达到掉电不丢失数据的效果。而向"非易失"区域写数据需要一定的时间，每种器件不完全一样，Atmel 公司的 AT24C02 芯片写入时间最长不超过 5ms。EEPROM 在向"非易失"区域写数据的过程中，EEPROM 是不会响应主机的访问的，任何访问在此时都是无效的，EEPROM 在写入完成后，就可以正常读/写了。

EEPROM 多字节读/写程序。

```c
/* E2 读取函数, *buf—数据接收指针, addr—E2 中的起始地址, len—读取长度 */
void E2Read(unsigned char *buf, unsigned char addr, unsigned char len)
{
 do
{//用寻址操作查询当前是否可进行读/写操作
 I2CStart();
 if (I2CWrite(0x50<<1))//应答则跳出循环, 非应答则进行下一次查询
 {
    break;
 }
 I2CStop();
 {
 while(1);
 I2CWrite(addr);//写入起始地址
 I2CStart();//发送重复起始信号
 I2CWrite((0x50<<1)|0x01);//寻址器件, 后续为读操作
 while (len > 1)//连续读取 len-1 个字节
 {
 *buf++=I2CReadACK();//最后一个字节之前为读取操作+应答
len--;
 }
 *buf=I2CReadNAK();//最后一个字节为读取操作+非应答
 I2CStop();
}
/* E2 写入函数, *buf—源数据指针, addr—E2 中的起始地址, len—写入长度 */
void E2Write(unsigned char *buf, unsigned char addr, unsigned char len)
{
 while (len--)
 {
 do {//用寻址操作查询当前是否可进行读/写操作
    I2CStart();
if (I2CWrite(0x50<<1))//应答则跳出循环, 非应答则进行下一次查询
        {
            break;
        }
    I2CStop();
    } while(1);
I2CWrite(addr++);//写入起始地址
I2CWrite(*buf++);//写入一个字节数据
I2CStop();//结束写操作, 以等待写入完成
 }
}
```

6.3 DS18B20 和单总线通信

温度是一种最基本的环境参数，人们的生活与环境的温度息息相关，物理、化学、生物等学科都离不开温度。在电力、化工、石油、冶金、机械制造等行业，以及冷库、农业温室、粮库、实验室甚至人们的居室需要对环境温度进行检测。DS18B20 是一款温度传感器，单片机可以通过单总线协议与 DS18B20 进行通信，最终将温度读出。单总线协议的硬件连接非常简单，如同它的名字，仅需要一根信号线就能实现单片机与设备间的通信。但由于硬件结构简单，其软件时序相对较为复杂。

6.3.1 单总线通信

典型的单总线命令序列如下：
① 第一步：初始化。
② 第二步：ROM 命令（跟随需要交换的数据）。
③ 第三步：功能命令（跟随需要交换的数据）。

每次访问单总线器件，必须严格遵守这个命令序列，如果出现序列混乱，则单总线器件不会响应主机。但是，这个准则对于搜索 ROM 命令和报警搜索命令例外，在执行两者中任何一条命令之后，主机都不能执行其后的功能命令，必须返回至第一步。由于单总线协议的时序要求非常严格，所以在操作时序时，为了防止中断干扰总线时序，要先关闭总中断。

（1）初始化

主机首先发出一个 480～960μs 的低电平脉冲，然后释放总线变为高电平，并在随后的 480μs 时间内对总线进行检测，如果有低电平出现，说明总线上有器件已做出应答。若无低电平出现，一直都是高电平，说明总线上无器件应答。

从机设备（简称从设备或从机）在一上电后就一直在检测总线上是否有 480～960μs 的低电平出现，如果有，在总线转为高电平后，等待 15～60μs 将总线电平拉低，60～240μs 后做出响应，告诉主机本器件已做好准备。若没有检测到就一直检测并等待。

（2）ROM 命令

主机检测到应答脉冲后，就可以发出 ROM 命令。这些命令与各个从机设备的唯一 64 位 ROM 代码相关，允许主机在单总线上连接多个从机设备时，指定操作某个从机设备。这些命令还允许主机检测总线上有多少个从机设备以及其设备类型，或者有没有设备处于报警状态。从机设备可能支持 5 种 ROM 命令（实际情况与具体型号有关），每种命令长度为 8 位。主机在发出功能命令之前，必须送出合适的 ROM 命令。下面简要地介绍各个 ROM 命令的功能，以及在何种情况下使用。

① 搜索 ROM[F0H]。当系统初始上电时，主机必须找出总线上所有从机设备的 ROM 代码，这样主机就能够判断出从机的数量和类型。主机通过重复执行搜索 ROM 命令（搜索 ROM 命令跟随着位数据交换）找出总线上所有的从机设备。如果总线上只有一个从机设备，则可以采用读 ROM 命令来替代搜索 ROM 命令。在每次执行完搜索 ROM 命令后，主机必须返回至命令序列的第一步（初始化）。

② 读 ROM[33H]（仅适合单节点）。该命令仅适用于总线上只有一个从机设备。它允许主机直接读出从机设备的 64 位 ROM 代码，无须执行搜索 ROM 命令。如果该命令用于多节点系统，

则必然发生数据冲突，因为每个从机设备都会响应该命令。

③ 匹配 ROM[55H]。匹配 ROM 命令后跟随 64 位 ROM 代码，从而允许主机访问多节点系统中某个指定的从机设备。仅当从机完全匹配 64 位 ROM 代码时，才会响应主机随后发出的功能命令；其他设备将处于等待复位脉冲状态。

④ 跳越 ROM[CCH]（仅适合单节点）。主机能够采用该命令同时访问总线上的所有从机设备，而无须发出任何 ROM 代码信息。例如，主机通过在发出跳越 ROM 命令后跟随转换温度命令[44H]，就可以同时命令总线上所有的 DS18B20 开始转换温度，这样大大节省了主机的时间。值得注意的是，如果跳越 ROM 命令后跟随的是读暂存器[BEH]的命令（包括其他读操作命令），则该命令只能应用于单节点系统，否则将由于多个节点都响应该命令而引起数据冲突。

⑤ 报警搜索[ECH]（仅少数单总线器件支持）。除那些设置了报警标志的从机设备响应外，该命令的工作方式等同于搜索 ROM 命令。该命令允许主机判断哪些从机设备发生了报警（如最近的测量温度过高或过低等）。同搜索 ROM 命令一样，在执行完成报警搜索命令后，主机必须返回至命令序列第一步。

（3）功能命令

在主机发出 ROM 命令，以访问某个指定的从机设备后，就可以发出从机设备支持的某个功能命令。这些命令允许主机写入或读出从机设备暂存器，启动温度转换以及判断从机设备的供电方式。具体的功能命令可查询从机设备的数据手册。

（4）读/写操作

对于读数据操作，时序分为读 0 时序和读 1 时序两个过程。读时序从主机把单总线拉低之后，在 1μs 之后就要释放单总线，以让从机设备把数据传输到单总线上。从机设备在检测到总线被拉低 1μs 后，便开始送出数据，若要送出 0，就把总线拉为低电平直到读周期结束；若要送出 1，则释放总线。主机在包括前面的拉低总线 1μs 在内的 15μs 时间内完成对总线的采样检测，采样期内总线为低电平则确认为 0；采样期内总线为高电平则确认为 1。完成一个读时序过程至少需要 60μs。

写周期最短为 60μs，最长不超过 120μs。主机先把总线拉低 1μs，表示写周期开始。随后若主机想写 0，则继续拉低总线最少 60μs，直至写周期结束，然后释放总线。若主机想写 1，在一开始拉低总线，1μs 后就释放总线，一直到写周期结束。而作为从机的从机设备则在检测到总线被拉低后等待 15μs，然后从 15μs 到 45μs 对总线采样，若采样期内总线为高电平，则为 1，若采样期内总线为低电平，则为 0。

6.3.2 DS18B20

DS18B20 是 Dallas 公司推出的第一片支持"单总线"接口的温度传感器，它具有微型化、低功耗、高性能、抗干扰能力强、易配微处理器等优点，可直接将温度转化成数字信号。测量的温度范围是–55～125℃，测温误差为 0.5℃。可编程分辨率为 9～12 位，对应的可分辨温度分别为 0.5℃、0.25℃、0.125℃和 0.0625℃，相较热电偶传感器而言，可实现高精度测温。DS18B20 实物图如图 6-21 所示。

如图 6-22 所示为 DS18B20 不同封装的引脚图。VDD 和 GND 为供电接口；DQ 为数字信号输入/输出端，支持单总线协议；NC 为空脚。

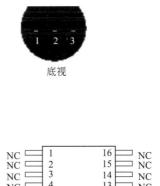

图 6-21 DS18B20 实物图 　　　　　　　图 6-22 DS18B20 引脚图

DS18B20 通过编程，可以实现最高 12 位的温度存储值，在寄存器中，以补码的格式存储，如图 6-23 所示。

	bit 7	bit 6	bit 5	bit 4	bit 3	bit 2	bit 1	bit 0
LSB	2^3	2^2	2^1	2^0	2^{-1}	2^{-2}	2^{-3}	2^{-4}
	bit 15	bit 14	bit 13	bit 12	bit 11	bit 10	bit 9	bit 8
MSB	S	S	S	S	S	2^6	2^5	2^4

图 6-23 DS18B20 数据格式

一共 2 个字节，LSB 是低字节，MSB 是高字节。其中，S 表示的是符号位，低 11 位都是 2 的幂，用来表示最终的温度。温度与数据的关系见表 6-6。

表 6-6 DS18B20 温度与数据对照表

温 度	数字输出/二进制	数字输出/十六进制
+125℃	0000 0111 1101 0000	07D0H
+85℃	0000 0101 0101 0000	0550H
+25.0625℃	0000 0001 1001 0001	0191H
+10.125℃	0000 0000 1010 0010	00A2H
+0.5℃	0000 0000 0000 1000	0008H
0℃	0000 0000 0000 0000	0000H
−0.5℃	1111 1111 1111 1000	FFF8H
−10.125℃	1111 1111 0101 1110	FF5EH
−25.0625℃	1111 1110 0110 1111	FE6FH
−55℃	1111 1100 1001 0000	FC90H

二进制数字最低位变化 1，代表温度变化 0.0625℃。当温度为 0℃时，对应十六进制为 0000H，当温度为 125℃时，对应十六进制是 07D0H，当温度是−55℃时，对应的数字是 FC90H。

单片机要从 DS18B20 中读取出温度数据，就要遵循单总线协议。先按照单总线协议对 DS18B20 进行初始化，时序如图 6-24 所示。

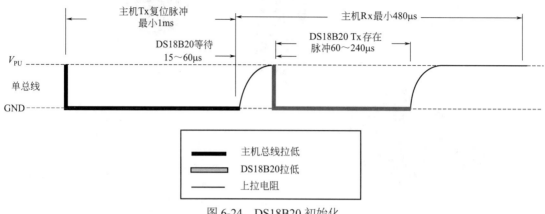

图 6-24　DS18B20 初始化

再以读/写操作对 DS18B20 发送指令以及读取温度，时序如图 6-25 所示。

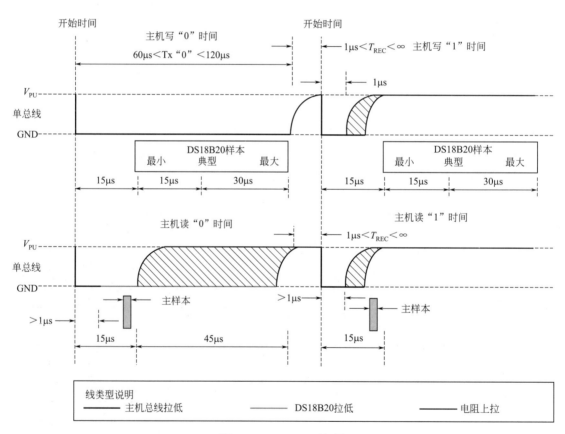

图 6-25　DS18B20 读/写

若总线上仅有一个从机设备，即可使用跳越（CCH）指令跳过 ROM，不进行 ROM 检测。DS18B20 的功能指令如表 6-7 所示。

表 6-7　DS18B20 功能指令

命令	描述	协议	发出指令后的单总线活动	备注
		温度转换指令		
温度转换	初始温度转换	44H	DS18B20 将转换状态传输至主设备（DS18B20 不适用于寄生电源）	1
		记忆指令		
读暂存器	读取整个暂存器包括 CRC 字节	BEH	DS18B20 最多可向主设备发送 9 个数据字节	2
写暂存器	将数据写入暂存区 2、3 和 4 字节(TH、TL 和配置寄存器)	4EH	主机将 3 个数据字节发送到 DS18B20	3
复制暂存器	复制 TH、TL 和配置寄存器数据到 EEPROM	48H	无	1
唤醒 EEPROM	调用从 EEPROM 到暂存器的 TH、TL 和配置寄存器数据	B8H	DS18B20 将调用状态传送给主设备	
读电源	向主站发出 DS18B20 供电模式的信号	B4H	DS18B20 将电源状态传送给主设备	

注：1. 对于寄生供电的 DS18B20，主机必须在单总线上启用强上拉温度转换和从暂存器到 EEPROM 的复制。

2. 主机可以通过发出复位随时中断数据传输。

3. 必须在发出复位之前写入所有 3 个字节。

温度转换指令（44H）：当发送温度转换指令后，DS18B20 开始进行温度转换。从转换开始到获取温度，DS18B20 需要一定的时间，这个时间长短取决于 DS18B20 的精度，DS18B20 转换时间见表 6-8。上述 DS18B20 最高可以用 12 位来存储温度，但是也可以用 11 位、10 位和 9 位，一共四种格式。位数越高，精度越高，9 位格式最低位变化 1，数字温度值变化 0.5℃，同时转换速度也要快一些。

表 6-8　DS18B20 转换时间

R1	R0	解析度	最大转换时间	
0	0	9 位	93.75ms	$(t_{CONV}/8)$
0	1	10 位	187.5ms	$(t_{CONV}/4)$
1	0	11 位	375ms	$(t_{CONV}/2)$
1	1	12 位	750ms	(t_{CONV})

读暂存器（BEH）：这里要注意的是，DS18B20 的温度数据是 2 个字节，读取数据时，先读取到的是低字节的低位，读完第一个字节后，再读高字节的低位，直到两个字节全部读取完毕。

DS18B20 的典型温度读取过程为：复位→发跳越 ROM 命令（CCH）→启动温度转换指令（44H）→延时→复位→发送跳越 ROM 命令→读暂存器指令（BEH）→连续读出两个字节数据（即温度）→结束。

6.3.3　使用 DS18B20 读取环境温度

【例 6-2】使用 STC89C52 单片机驱动 DS18B20，电路原理图如图 6-26 所示。试编写程序实现如下功能：读取 DS18B20 的温度值，并将温度显示到 LCD 屏上。

単片机与嵌入式系统——基于51单片机Proteus仿真和C语言编程

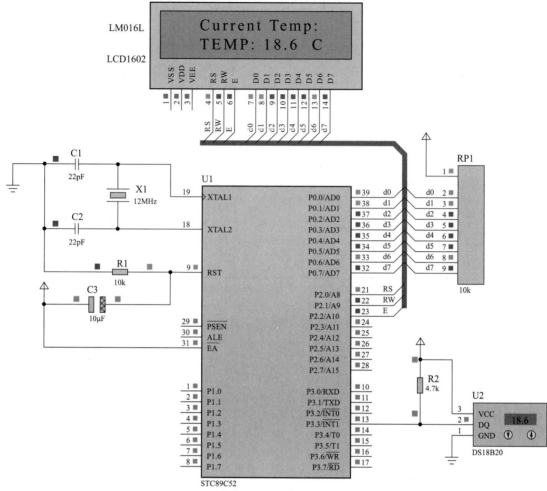

图 6-26　DS18B20 仿真电路原理图

代码如下：

```c
#include <reg52.h>
#include <intrins.h>
#define uint unsigned int
#define uchar unsigned char
#define delayNOP() {_nop_();_nop_();_nop_();_nop_();}

sbit DQ=P3^3;
sbit LCD_RS=P2^0;
sbit LCD_RW=P2^1;
sbit LCD_EN=P2^2;

uchar code Temp_Disp_Title[]={"Current Temp : "};
uchar Current Temp_Display_Buffer[]={" TEMP:    "};

uchar code Temperature_Char[8]=
```

```
{
0x0c,0x12,0x12,0x0c,0x00,0x00,0x00,0x00};
uchar code df_Table[]=
{0,1,1,2,3,3,4,4,5,6,6,7,8,8,9,9};

uchar CurrentT=0;
uchar Temp_Value[]={0x00,0x00};
uchar Display_Digit[]={0,0,0,0};
bit DS18B20_IS_OK=1;

void DelayXus(uint x)
{
    uchar i;
    while(x--)
    {
        for(i=0;i<200;i++);
    }
}

bit LCD_Busy_Check()
{
    bit result;
    LCD_RS=0;
    LCD_RW=1;
    LCD_EN=1;
    delayNOP();
    result=(bit)(P0&0x80);
    LCD_EN=0;
    return result;
}

void Write_LCD_Command(uchar cmd)
{
    while(LCD_Busy_Check());
    LCD_RS=0;
    LCD_RW=0;
    LCD_EN=0;
    _nop_();
    _nop_();
    P0=cmd;
    delayNOP();
    LCD_EN=1;
```

```
        delayNOP();
        LCD_EN=0;
}


void Write_LCD_Data(uchar dat)
{
        while(LCD_Busy_Check());
        LCD_RS=1;
        LCD_RW=0;
        LCD_EN=0;
        P0=dat;
        delayNOP();
        LCD_EN=1;
        delayNOP();
        LCD_EN=0;
}


void LCD_Initialise()
{
        Write_LCD_Command(0x01);
        DelayXus(5);
        Write_LCD_Command(0x38);
        DelayXus(5);
        Write_LCD_Command(0x0c);
        DelayXus(5);
        Write_LCD_Command(0x06);
        DelayXus(5);
}


void Set_LCD_POS(uchar pos)
{
        Write_LCD_Command(pos|0x80);
}


void Delay(uint x)
{
        while(--x);
}


uchar Init_DS18B20()
{
        uchar status;
        DQ=1;
```

```
    Delay(8);
    DQ=0;
    Delay(90);
    DQ=1;
    Delay(8);
    status=DQ;
    Delay(100);
    DQ=1;
    return status;
}

uchar ReadOneByte()
{
    uchar i,dat=0;
    DQ=1;
    _nop_();
    for(i=0;i<8;i++)
    {
        DQ=0;
        dat >>=1;
        DQ=1;
        _nop_();
        _nop_();
        if(DQ)
            dat |=0X80;
        Delay(30);
        DQ=1;
    }
    return dat;
}

void WriteOneByte(uchar dat)
{
    uchar i;
    for(i=0;i<8;i++)
    {
        DQ=0;
        DQ=dat& 0x01;
        Delay(5);
        DQ=1;
        dat >>=1;
    }
}

void Read Temperature()
```

```
{
    if(Init_DS18B20()==1)
        DS18B20_IS_OK=0;
    else
    {
        WriteOneByte(0xcc);
        WriteOneByte(0x44);
        Init_DS18B20();
        WriteOneByte(0xcc);
        WriteOneByte(0xbe);
        Temp_Value[0]=ReadOneByte();
        Temp_Value[1]=ReadOneByte();
        DS18B20_IS_OK=1;
    }
}

void Display_Temperature()
{
    uchar i;
    uchar t=150, ng=0;
    if((Temp_Value[1]&0xf8)==0xf8)
    {
        Temp_Value[1]=~Temp_Value[1];
        Temp_Value[0]=~Temp_Value[0]+1;
        if(Temp_Value[0]==0x00)
            Temp_Value[1]++;
        ng=1;
    }
    Display_Digit[0]=df_Table[Temp_Value[0]&0x0f];
    CurrentT=((Temp_Value[0]&0xf0)>>4) | ((Temp_Value[1]&0x07)<<4);
    Display_Digit[3]=CurrentT/100;
    Display_Digit[2]=CurrentT%100/10;
    Display_Digit[1]=CurrentT%10;
    Current_Temp Display_Buffer[11]=Display_Digit[0] +'0';
    Current_Temp Display_Buffer[10]='.';
    Current_Temp Display_Buffer[9]  =Display_Digit[1] +'0';
    Current_Temp Display_Buffer[8]  =Display_Digit[2] +'0';
    Current_Temp Display_Buffer[7]  =Display_Digit[3] +'0';
    if(Display_Digit[3]==0)
        Current_Temp_Display_Buffer[7]  =' ';
    if(Display_Digit[2]==0&&Display_Digit[3]==0)
```

```
        Current_Temp_Display_Buffer[8] =' ';
    if(ng)
    {
        if(Current_Temp_Display_Buffer[8] ==' ')
            Current_Temp_Display_Buffer[8] ='-';
        else if(Current_Temp_Display_Buffer[7] ==' ')
            Current_Temp_Display_Buffer[7] ='-';
        else
            Current_Temp_Display_Buffer[6] ='-';
    }
    Set_LCD_POS(0x00);
    for(i=0;i<16;i++)
    {
        Write_LCD_Data(Temp_Disp_Title[i]);
    }
    Set_LCD_POS(0x40);
    for(i=0;i<16;i++)
    {
        Write_LCD_Data(Current_Temp_Display_Buffer[i]);
    }
    Set_LCD_POS(0x4d);
    Write_LCD_Data(0x00);
    Set_LCD_POS(0x4e);
    Write_LCD_Data('C');
}

void main()
{
    LCD_Initialise();
    Read_Temperature();
    Delay(50000);
    Delay(50000);
    while(1)
    {
        Read_Temperature();
        if(DS18B20_IS_OK)
            Display_Temperature();
        DelayXus(100);
    }

}
```

6.4 模数转换 A/D 与数模转换 D/A

6.4.1 A/D 和 D/A 的基本概念

A/D 是模拟量到数字量的转换，依靠的是模数转换器（ADC）。D/A 是数字量到模拟量的转换，依靠的是数模转换器（DAC）。它们的原理是完全一样的，只是转换方向不同，因此我们以 A/D 为例来进行讲解。模拟量和数字量在模拟电子技术基础和数字电子技术基础中已经学过，在此不再叙述。

6.4.2 A/D 的主要指标

（1）基准源

基准源也叫基准电压，若想把输入 ADC 的信号测量准确，那么基准源首先要准。假设一个 3 位 ADC 的基准源是 8V，那么它最大能够测量到的电压为 8V，最小能够测量到的电压为 8V/8=1V，1LSB 代表的就是 1V。

（2）分辨率

ADC 的分辨率是指使输出数字量变化一个相邻数码所需输入模拟电压的变化量，常用二进制的位数表示。例如 12 位 ADC 的分辨率就是 12 位，或者说分辨率为满刻度的 $1/2^{12}$。一个 10V 满刻度的 12 位 ADC 能分辨输入电压变化最小值是 $10V \times 1/2^{12} = 2.4mV$。

（3）量化误差

ADC 把模拟量转换为数字量，用数字量近似表示模拟量，这个过程称为量化。量化误差是 ADC 的有限位数对模拟量进行量化而引起的误差，比如，有一个 3 位的 ADC，基准电压为 8V，但当输入的电压小于 1V 时，达不到 1LSB，ADC 就无法识别到，所以量化出来的结果就是 0V，这个 0V 与输入电压之间的差值转换为 LSB 后就叫作量化误差，量化误差不是一个确定的值，但其绝对值小于 1/2LSB。

（4）DNL（差分非线性）

理论上说，模数转换器相邻两个数据之间，模拟量的差值都是一样的，就像一把疏密均匀的尺子，但实际上并非如此。一把分辨率为 1 毫米的尺子，相邻两刻度之间也不可能都是 1 毫米整。类比到 ADC，ADC 相邻两刻度之间最大的差异就叫差分非线性（Differencial Nonliner）。

（5）转换速率

所谓的转换速率（Conversion Rate），是指完成一次从模拟量到数字量的转换所需的时间的倒数。积分型 ADC 的转换时间是毫秒级，属低速 ADC，逐次逼近型 ADC 是微秒级，属中速 ADC，全并行/串并行型 ADC 可达到纳秒级。采样时间则是另外一个概念，是指两次转换的间隔。为了保证转换的正确完成，采样速率（Sample Rate）必须小于或等于转换速率。

6.4.3 PCF8591 的硬件接口及 A/D 编程

PCF8591 是一款单电源、低功耗、8 位 CMOS 数据采集芯片。它具有四个模拟输入，可编程为单端或差分输入；一个模拟输出和一个串行 IIC 总线接口。地址由 3 个硬件地址引脚决定。

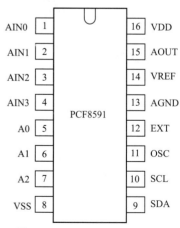

图 6-27 PCF8591 芯片引脚图

采样速率由 IIC 总线速率决定。采集电压范围为 VSS～VDD。有一个 DAC 模拟输出通道，内部的 ADC 是逐次逼近型。

该芯片引脚如图 6-27 所示。

芯片 PCF8591 引脚功能如表 6-9 所示。AIN0～AIN3 是四路模拟输入引脚。A0～A2 用来决定芯片在 IIC 总线上的硬件地址。VSS 引脚接地。SCL 和 SDA 分别是 IIC 总线的时钟线和数据线。OSC 是外部时钟输入端、内部时钟输出端，在使用内部时钟时，该引脚悬空。EXT 是内部、外部时钟选择线，使用内部时钟时该引脚接地。AGND 是模拟地，如果有比较复杂的模拟电路，那么 AGND 部分在布局布线上要特别处理，而且和 GND 的连接也有多种方式，这里就不再叙述了。VREF 是基准电压输入引脚。AOUT 是模拟电压输出引脚。VDD 接电源正极。

表 6-9 引脚功能

引脚	功能
AIN0	模拟输入通道 1（ADC）
AIN1	模拟输入通道 2（ADC）
AIN2	模拟输入通道 3（ADC）
AIN3	模拟输入通道 4（ADC）
A0	编码硬件地址
A1	编码硬件地址
A2	编码硬件地址
VSS	负电源电压（一般接地即可）
SDA	IIC 数据线
SCL	IIC 时钟线
OSC	外部时钟输入端、内部时钟输出端
EXT	用来选择内部时钟和外部时钟
AGND	模拟地
VREF	基准电压输入
AOUT	模拟输出（DAC）
VDD	电源

IIC 总线系统中的每个 PCF8591 设备通过发送一个有效的地址来寻址。地址由固定部分和可编程部分组成，如图 6-28 所示。可编程部分必须根据地址引脚 A0、A1 和 A2 进行设置。地址总是作为 IIC 总线协议中的开始条件之后的第一个字节被发送。地址字节的最后一位是读/写位，它设定了接下来数据传输的方向。

发送到 PCF8591 的第二个字节将被存储在控制寄存器，用于控制 PCF8591 的功能。其中第 3 位和第 7 位是固定的 0，如图 6-29 所示。

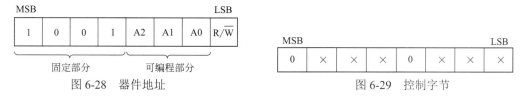

图 6-28 器件地址

图 6-29 控制字节

控制字节的第 0 位和第 1 位用来选择通道，00、01、10、11 代表了通道 0～通道 3 四个通道的选择。

控制字节的第 2 位是自动增量标志位。自动增量是指 PCF8591 一共有四个通道，当这四个通道都使用时，在读完通道 0 后，下一次再读，就会自动进入通道 1 进行读取。

第 4 位和第 5 位用来配置 4 路输入通道是单端模式还是差分模式。如图 6-30 所示。

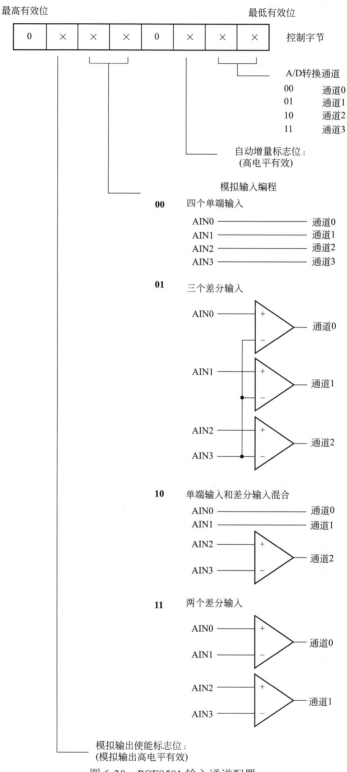

图 6-30　PCF8591 输入通道配置

第 6 位是 D/A 使能标志位, 为 0 表示 D/A 输出失能, 为 1 表示 D/A 输出使能。

发送给 PCF8591 的第三个字节存储到 D/A 数据寄存器, 表示 D/A 输出的模拟电压值, 在只使用 PCF8591 的 A/D 功能时, 就可以不发送这个字节。

仿真图如图 6-31 所示。

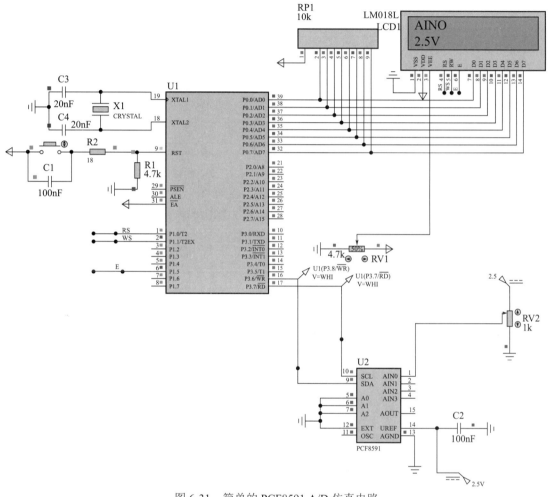

图 6-31 简单的 PCF8591 A/D 仿真电路

程序如下所示。

```c
/* 读取当前的 ADC 转换值, chn—ADC 通道号 0~3 */
unsigned char GetADCValue(unsigned char chn)
{
unsigned char val;

I2CStart();
if (!I2CWrite(0x48<<1))//寻址 PCF8591, 如未应答, 则停止操作并返回 0
{
I2CStop();
return 0;
```

```
}
I2CWrite(0x40|chn);//写入控制字节, 选择转换通道
I2CStart();
I2CWrite((0x48<<1)|0x01);//寻址 PCF8591, 指定后续为读操作
I2CReadACK();//先空读一个字节, 提供采样转换时间
val=I2CReadNAK();//读取刚刚转换完的值
I2CStop();
return val;
}
```

6.4.4　D/A 输出

D/A 与 A/D 方向相反, 假设有一个 3 位的 DAC, 基准电压为 8V, 那么当向芯片 D/A 数据寄存器写入 1 时, 输出的模拟电压就为 1V, 当向 D/A 数据寄存器写入 7 时, 输出的模拟电压就为 7V。同理有一个 8 位的 DAC, 基准电压仍是 8V, 当向 D/A 数据寄存器写入 1 时, 输出的模拟电压为 0.03125V, 当向 D/A 数据寄存器写入 255 时, 输出的模拟电压为 7.96875V。程序如下所示。

```
/* 设置 DAC 输出值, val—设定值 */
void SetDACOut(unsigned char val)
{
I2CStart();
if (!I2CWrite(0x48<<1))//寻址 PCF8591, 如未应答, 则停止操作并返回
    {
                    I2CStop();
                    return;
    }
I2CWrite(0x40);//写入控制字节
I2CWrite(val);//写入 DA 值
I2CStop();
}
```

6.5　科研训练案例 5　篮球计分器的设计与实现

（1）任务要求

① 利用 Proteus ISIS 与 Keil μVision5 进行单片机应用系统的仿真调试。

② 利用 Proteus 实现功能仿真, 仿真后的程序下载到 51 系列单片机, 实现篮球计分器的功能并通过 LCD 或者点阵式 LED 显示。

（2）实现过程

① 绘制电路原理图。在 Proteus 8 中绘制如图 6-32 所示的电路原理图。

② 编写源程序。参考源程序代码如下。

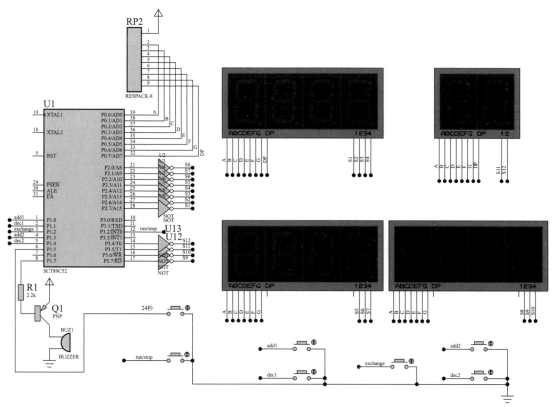

图 6-32　篮球计分器电路原理图

```c
#include<reg52.h>
#define LEDData P0
unsigned char code
LEDCode[]={0xc0,0xf9,0xa4,0xb0,0x99,0x92,0x82,0xf8,0x80,0x90};
int minit,second,count,count1;//分、秒、计数器
char min=15,sec=0;
sbit add1=P1^0;//甲队加分，每按一次加1分　/在未开始比赛时为加时间分
sbit dec1=P1^1;//甲队减分，每按一次减1分　/在未开始比赛时为减时间分
sbit exchange=P1^2;//交换场地
sbit add2=P1^3;//乙队加分，每按一次加1分　/在未开始比赛时为加时间秒
sbit dec2=P1^4;//乙队减分，每按一次减1分　/在未开始比赛时为减时间秒
sbit p24_sec=P1^5;
sbit secondpoint=P0^7;　//秒闪动点
//----依次点亮数码管的位----
sbit led1=P2^7;
sbit led2=P2^6;
sbit led3=P2^5;
sbit led4=P2^4;
sbit led5=P2^3;
sbit led6=P2^2;
sbit led7=P2^1;
```

```c
sbit led8=P2^0;
sbit led9=P3^7;
sbit led10=P3^6;
sbit led11=P3^5;
sbit led12=P3^4;
sbit alam=P1^7;//报警
bit  playon=0;//比赛进行标志位, 为1时表示比赛开始, 计时开启
bit  timeover=0;//比赛结束标志位, 为1时表示计时结束
bit  AorB=0;//甲乙队交换位置标志位
bit  halfsecond=0;//半秒标志位
unsigned int scoreA;//甲队得分
unsigned int scoreB;//乙队得分
char sec24=24;
void Delay5ms(void)
{
    unsigned int i;
    for(i=100;i>0;i--);
}


void display(void)
{
//----------显示时间分----------
    LEDData=LEDCode[minit/10];
    led1=0;
    Delay5ms();
    led1=1;
    LEDData=LEDCode[minit%10];
    led2=0;
    Delay5ms();
    led2=1;
//----------秒点闪动----------
    if(halfsecond==1)
        LEDData=0x7f;
    else
        LEDData=0xff;
    led2=0;
    Delay5ms();
    led2=1;
    secondpoint=0;
//----------显示时间秒----------
    LEDData=LEDCode[second/10];
    led3=0;
    Delay5ms();
```

```
    led3=1;
    LEDData=LEDCode[second%10];
    led4=0;
    Delay5ms();
    led4=1;
//----------显示1组的分数百位----------
    if(AorB==0)
        LEDData=LEDCode[scoreA/100];
    else
        LEDData=LEDCode[scoreB/100];
    led5=0;
    Delay5ms();
    led5=1;
//----------显示1组分数的十位-----------
    if(AorB==0)
        LEDData=LEDCode[(scoreA%100)/10];
    else
        LEDData=LEDCode[(scoreB%100)/10];
    led6=0;
    Delay5ms();
    led6=1;

//-----------显示1组分数的个位-----------
    if(AorB==0)
        LEDData=LEDCode[scoreA%10];
    else
        LEDData=LEDCode[scoreB%10];
    led7=0;
    Delay5ms();
    led7=1;

//-----------显示2组分数的百位-----------
    if(AorB==1)
        LEDData=LEDCode[scoreA/100];
    else
        LEDData=LEDCode[scoreB/100];
    led8=0;
    Delay5ms();
    led8=1;
//-----------显示2组分数的十位-----------
    if(AorB==1)
        LEDData=LEDCode[(scoreA%100)/10];
    else
```

```
        LEDData=LEDCode[(scoreB%100)/10];
    led9=0;
    Delay5ms();
    led9=1;

//-----------显示2组分数的个位-----------
    if(AorB==1)
        LEDData=LEDCode[scoreA%10];
    else
        LEDData=LEDCode[scoreB%10];
    led10=0;
    Delay5ms();
    led10=1;

//-----------显示时间分-----------
    LEDData=LEDCode[sec24/10];
    led11=0;
    Delay5ms();
    led11=1;
    LEDData=LEDCode[sec24%10];
    led12=0;
    Delay5ms();
    led12=1;
}

//================按键检测程序====================
void keyscan(void)
{
    if(playon==0)
    {
        if(add1==0)
        {
            display();
            if(add1==0);
            {
                if(minit<99)
                    minit++;
                else
                    minit=99;
                    min=minit;
            }
            do
                display();
```

```
    while(add1==0);

}


if(dec1==0)
{
    display();
    if(dec1==0);
    {
        if(minit>0)
            minit--;
        else
            minit=0;
            min=minit;
    }
    do
        display();
    while(dec1==0);

}


if(add2==0)
{
    display();
    if(add2==0);
    {
        if(second<59)
            second++;
        else
            second=59;
            sec=second;
    }
    do
        display();
    while(add2==0);

}


if(dec2==0)
{
    display();
    if(dec2==0);
    {
```

```
                if(second>0)
                    second--;
                else
                    second=0;
                    sec=second;
            }
        do
            display();
        while(dec2==0);


    if(exchange==0)
    {
        display();
        if(exchange==0);
        {
            TR1=0;                    //关闭 T1 计数器
            alam=1;                   //关报警
            AorB=~AorB;               //开启交换
            minit=min;                //并将时间预设为 15: 00
            second=sec;
            sec24=24;
        }
        do
            display();
        while(exchange==0);
    }
}
else
{
    if(add1==0)
    {
        display();
        if(add1==0);
        {
            if(AorB==0)
            {
                if(scoreA<999)
                    scoreA++;
                else
                    scoreA=999;
            }
```

```
            else
            {
                if(scoreB<999)
                    scoreB++;
                else
                    scoreB=999;
            }
    }
    do
        display();
    while(add1==0);
}

if(dec1==0)
{
    display();
    if(dec1==0);
    {
        if(AorB==0)
        {
            if(scoreA>0)
                scoreA--;
            else
                scoreA=0;
        }
        else
        {
            if(scoreB>0)
                scoreB--;
            else
                scoreB=0;
        }
    }
    do
        display();
    while(dec1==0);
}

if(add2==0)
{
    display();
    if(add2==0);
    {
```

```
            if(AorB==1)
            {
                if(scoreA<999)
                    scoreA++;
                else
                    scoreA=999;
            }
            else
            {
                if(scoreB<999)
                    scoreB++;
                else
                    scoreB=999;
            }
        }
        do
            display();
        while(add2==0);
}

if(dec2==0)
{
    display();
    if(dec2==0);
    {
        if(AorB==1)
        {
            if(scoreA>0)
                scoreA--;
            else
                scoreA=0;
        }
        else
        {
            if(scoreB>0)
                scoreB--;
            else
                scoreB=0;
        }
    }
    do
        display();
    while(dec2==0);
```

```
        }
        if(p24_sec==0)
        {
            display();
            if(p24_sec==0)
            {
                sec24=24;
                TR0=1;
                alam=1;
                while(p24_sec==0) display();
            }
        }
    }
}


//*****************************主函数*****************************************
void main(void)
{
    TMOD=0x11;
    TL0=0xb0;
    TH0=0x3c;
    TL1=0xb0;
    TH1=0x3c;
    minit=min;                      //初始值为15：00
    second=sec;
    EA=1;
    ET0=1;
    ET1=1;
    TR0=0;
    TR1=0;
    EX0=1;
    IT0=1;
    IT1=1;
//  EX1=1;
    PX0=1;
//  PX1=1;
    PT0=0;
    P1=0xff;
    P3=0xff;
    alam=1;
    while(1)
    {
        keyscan();
```

```
        display();
    }
}


void PxInt0(void) interrupt 0
{
    Delay5ms();
    EX0=0;
    alam=1;
    TR1=0;
    if(timeover==1)
    {
        timeover=0;
    }

    if(playon==0)
    {
        playon=1;                    //开始标志位
        TR0=1;                       //开启计时

        if((minit+second)==0)
        {
            sec24=24;
            minit=min;
            second=sec;
        }
    }
    else
    {
        playon=0;                    //开始标志位清零，表示暂停
        TR0=0;                       //暂时计时
    }
    EX0=1;                           //开中断
}

/*
void PxInt1(void) interrupt 2
{
    Delay5ms();
    EX1=0;                           //关中断
    if(timeover==1)//比赛结束标志，必须一节结束后才可以交换，中途不能交换场地
    {
        TR1=0;                       //关闭 T1 计数器
```

```
        alam=1;                    //关报警
        AorB=~AorB;                //开启交换
      minit=15;                    //并将时间预设为15: 00
      second=0;
    }
    EX1=1;                         //开中断
}
*/


//*******************中断服务函数*****************
void time0_int(void) interrupt 1
{
    TL0=0xb0;
    TH0=0x3c;
    TR0=1;
    count++;
    if(count==10)
    {
        halfsecond=0;
    }

    if(count==20)
    {
        count=0;
        halfsecond=1;
        {
            second--;
            if(second<0)
            {
                if(minit>0)
                {
                    second=59;
                    minit--;
                }
                else
                {
                    second=0;
                    timeover=1;
                    playon=0;
                    TR0=0;
```

```
                        TR1=1;
                    }
                }
            sec24--;
            if(sec24<=0)
            {
                if((minit+second)!=0)
                {
                    alam=0;
                    TR0=0;
                }
                sec24=0;
            }
        }
    }
}


//***************************中断服务函数********************************
void time1_int(void) interrupt 3
{
    TL1=0xb0;
    TH1=0x3c;
    TR1=1;
    count1++;
    if(count1==10)
    {
        alam=0;
    }

    if(count1==20)
    {
        count1=0;
        alam=1;
    }
}
```

③ 生成 HEX 文件。在 Keil μVision5 中创建工程，将.c 文件添加到工程中，编译、链接，生成 HEX 文件。

④ 仿真运行。在 Proteus 8 中，打开设计文件，将 HEX 文件装入单片机中，启动仿真，观察系统运行效果是否符合设计要求。

本章小结

本章主要讲解了几种常见的通信协议，以及使用这些通信协议的芯片，本章重点是掌握这几种通信协议以及 A/D、D/A 的基本概念和指标，学会使用这几种通信协议进行单片机与芯片通信。在以后的实际应用中，我们还会多次用到这些通信协议，以后使用到的大多芯片也会使用这几种通信协议。在使用某个芯片与单片机进行通信时，一定要先确定该芯片使用的是什么通信协议，其次要仔细阅读芯片手册，芯片手册中往往会告诉我们如何使用通信协议向芯片中的寄存器写入数据或命令，同时也会告诉我们如何从芯片的寄存器中读取数据。

本章中还给出了科研训练案例 5 的任务要求及实现过程。

思考与练习

1. 理解 SPI 的通信原理和四种工作模式，结合 DS1302 芯片的手册设计一个简易时钟。

2. 理解 IIC 的通信时序，通过阅读 EEPROM 的芯片手册完成 EEPROM 的单字节读/写和多字节读/写。

3. 理解单总线通信的原理，结合 DS18B20 的手册设计一个简易的测温装置。

4. 什么是模数转换器？什么是数模转换器？查阅相关资料给出它们各自的指标及转换过程。

5. 结合 PCF8591 的芯片手册，设计一个简易的电压测量装置。

6. 利用 PCF8591 的 D/A 功能，设计一个简易的正弦波发生器。

第7章 药物配送小车

当今的时代是信息的时代，新技术、新思想层出不穷。而汽车工业更是备受瞩目，随着电子技术的迅猛发展，汽车智能化的发展也成为热门趋势。智能驾驶系统由智能系统代替人力采集环境等信号，分析信号得到路况，从而下达指令驾驶汽车，完成更安全、更高难度的操作。

不同于人力自主操作的系统，智能系统由于应用了各种新技术，如人工智能、信息技术、通信技术等，更受大众和市场欢迎。智能小车便是在此种大环境趋势下产生的一个新兴的研究课题。各大高校十分重视相关课题，电子大赛也常用此作为考题。通过研究，智能小车可以实现显示时间、速度、里程，能够自动寻迹、寻光、避障。

7.1 任务要求

本章电子系统综合实践的主要内容是设计并制作药物配送小车，模拟完成在医院药房与病房间药品的送取作业。院区结构示意如图 7-1 所示。院区走廊两侧的墙体由黑实线表示。走廊地面上画有居中的红实线，并放置标识病房号的黑色数字可移动纸张。药房和近端病房号（1～2 号）如图 7-1 所示位置固定不变，中部病房号（3～4 号）和远端病房号（5～8 号）测试时随机设定。

任务要求如下：
① 单个小车运送药品到指定的近端病房并返回到药房。要求运送和返回时间均小于 40s。
② 单个小车运送药品到指定的中部病房并返回到药房。要求运送和返回时间均小于 40s。
③ 单个小车运送药品到指定的远端病房并返回到药房。要求运送和返回时间均小于 40s。

7.2 系统方案设计

系统设计为 5 个模块：稳压供电模块、人机交互模块、检测红线灰度传感器模块、电机 PWM 驱动模块、51 最小系统模块。稳压供电模块采用 DC-DC LM2596 简单开关电源变换器和 LM7805 稳压器将锂电池输入电压稳压于 5V 给整个系统供电；人机交互模块采用四角直插按键和 8 位共阴极数码管等来实现选择病房功能；检测红线灰度传感器模块采用五路光敏灰度传感器，用于检测路面红线；电机 PWM 驱动模块采用 L293D 驱动芯片，用于驱动直流减速电机的转动。系统硬件流程图如图 7-2 所示。

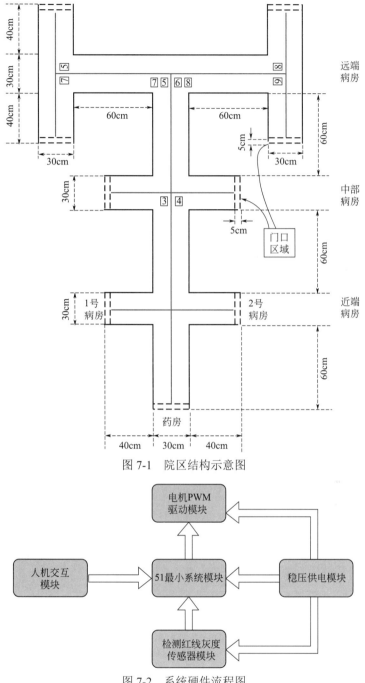

图 7-1　院区结构示意图

图 7-2　系统硬件流程图

7.2.1　硬件设计

① 稳压供电模块：用于将双节锂电池（型号为 18650）的 7.4～8.4V 输入电压转换为其他模块可用的 5V 工作电压，在调试过程中，发现第一路的 LM7805 稳压电路输出功率不足以给整个小车供电，所以增加一路由稳压芯片 LM2596 搭成的 DC-DC 稳压模块给 51 最小系统模块和检测红线灰度传感器模块供电，而第一路的 LM7805 稳压电路单独给电机 PWM 驱动模块供电。

167

② 人机交互模块：包含两个按键（key_s2 及 key_s3）及一个共阴极数码管等，数码管显示将药送达的病房号，两个按键则是用于病房号+1 及确定是否要送达此号的病房。

③ 检测红线灰度传感器模块：该传感器为五路光敏灰度传感器，其中灯亮为检测到地面（白色），对应引脚输出为 1，而灯灭为检测到红线或黑线，对应引脚输出为 0。

④ 电机 PWM 驱动模块：采用 L293D 驱动芯片用于驱动直流减速电机的转动。

⑤ 51 最小系统模块：用于检测光敏灰度传感器的五路引脚电平变化，及通过光敏灰度传感器的五路引脚电平变化控制直流减速电机。

7.2.2 软件系统设计

① 循迹程序设计：通过模块化思想将每种小车运动模式模块化，分为循直线函数、左转函数、右转函数、直线后退函数、旋转函数、停止函数。通过每个病房的路线中，含有的特定标志可以映射为特定的五路光敏灰度传感器的引脚电平，进而可以通过程序实时检测五路光敏灰度传感器特定电平状态的变化来控制电机的运动状态，以此来实现小车到达特定病房的循迹。简而言之就是通过特定病房路线的特定标志来控制小车循迹。

② 小车速度程序设计：通过单片机的定时器来控制电机占空比进而实现控制小车的转速。

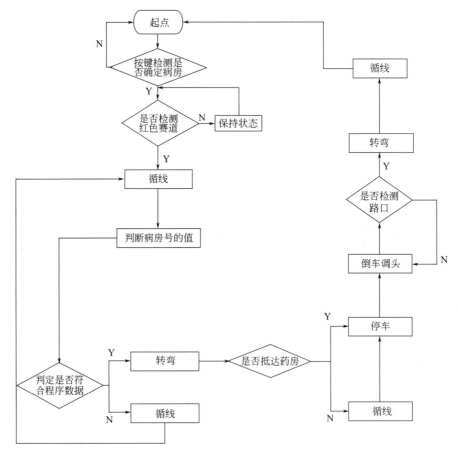

图 7-3　系统程序设计流程图

③ 确定病房程序设计：每按一次按键 key_s2 单片机将检测到低电平，定义变量 Room_num 将+1（Room_num 将 0～9 循环+1），数码管则会实时显示 Room_num 的值，而按键 key_s3 为确定键，只有当 key_s3 按下后，单片机才会继续往下执行循迹病房的程序，简而言之就是按键 key_s2 让病房数+1，按键 key_s3 为确定是否要循迹该病房，数码管实时显示病房号。上述就是设计每个病房循迹的思想，系统程序设计流程图如图 7-3 所示。

7.3　分析与计算

7.3.1　稳压供电模块

本系统采用 7.4～8.4V 双节锂电池供电，经 LM2596 稳压模块转换为 5V 电压供单片机使用。LM2596 开关电压调节器是降压型电源管理单片集成电路，能够输出 3A 的驱动电流，同时具有很好的线性和负载调节特性。固定输出版本有 3.3V、5V、12V，可调版本可以输出小于 37V 的各种电压。该器件内部集成频率补偿和固定频率发生器，开关频率为 150kHz，与低频开关电压调节器相比较，可以使用更小规格的滤波元件。由于该器件只需 4 个外接元件，可以使用通用的标准电感，这更优化了 LM2596 的使用，极大地简化了开关电源电路的设计。

该器件还有其他一些特点：在特定的输入电压和输出负载的条件下，输出电压的误差可以保证在±4%的范围内，振荡频率误差在±15%的范围内；可以用仅 80μA 的待机电流实现外部断电；具有自我保护电路。

7.3.2　单片机最小系统模块

STC89C52 单片机是 STC 公司生产的一种低功耗、高性能的 CMOS 8 位微控制器，具有 8KB 系统可编程 Flash 存储器。STC89C52 单片机使用经典的 MCS-51 内核，但是做了很多的改进，使得芯片具有传统 51 系列单片机不具备的功能。在单芯片上，拥有灵巧的 8 位 CPU 和系统可编程 Flash，使得 STC89C52 单片机可为众多嵌入式控制应用系统提供高灵活性、非常有效的解决方案。

7.3.3　电机 PWM 驱动模块

电机 PWM 驱动模块采用专用驱动芯片 L293D 作为电机的驱动芯片。L293D 芯片是一个内部有双 H 桥的高电压、大电流全桥式驱动芯片，可以用来驱动直流电动机、步进电动机。使用标准逻辑电平信号控制，直接连接单片机引脚，具有两个使能端，使能端在不受输入信号影响的情况下不允许器件工作。L293D 芯片有一个逻辑电源输入端，使内部逻辑电路部分在低电压下工作。L293D 芯片是一种具有高电压、大电流的全桥驱动芯片，它的响应频率高，一片 L293D 芯片可以分别控制两台直流减速电机，而且还带有控制使能端，用它作为驱动芯片，操作方便、稳定、性能优良。通过单片机对 L293D 芯片的输入端进行指令控制实现控制 4 信号输出端，就能实现直流减速电机的正转和反转，从而控制小车前进和后退。

7.3.4　检测红线灰度传感器模块

检测红线灰度传感器模块是一个能够实现不同颜色检测的电子模块。在环境光干扰不是十分严重的情况下，用于区分不同颜色的灰度。它还有比较宽的工作电压范围，在电源电压波动比较大的情况下仍能正常工作。它输出的是连续的模拟信号，因而能很容易通过 ADC 或简单的比较器实现对物体颜色的判断，是一种实用的机器人巡线传感器。工作原理：利用检测红线灰度传感器模块向被测物体发射光波，然后测量反射信号强度的方法实现对物体反射率的测量。对于黑色等颜色比较深的物体，反射信号比较弱，因而输出电平较低；对于白色等颜色比较浅的物体，反射信号比较强，因而输出电平比较高。通过对输出电平的测量比较，小车就能判别物体颜色的深浅。电路中包含了稳压等环节，因此工作的电源范围比较宽，并且能消除电源电压波动对电路的影响。

模块特点：

① 减少日光、灯光等环境光的影响。

② 宽工作电压范围4.5～5V。

③ 连续模拟信号输出。

7.4 系统电路设计

7.4.1 稳压供电模块

由于智能小车的主电源采用双节锂电池供电，而最小系统板及光敏灰度传感器采用 5V 供电，所以需要降压模块将 7.4～8.4V 的输入电压转换为5V 的输出电压。稳压电路设计时采用 LM2596-5.0 实现电压转化，根据芯片手册可设计电路如图 7-4 所示。LM2596-5.0 应用原理图如图 7-5 所示。

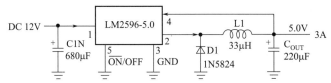

图 7-4 LM2596-5.0 厂商推荐经典应用电路

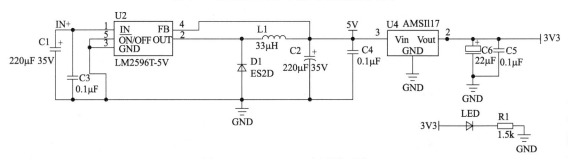

图 7-5 LM2596-5.0 应用原理图

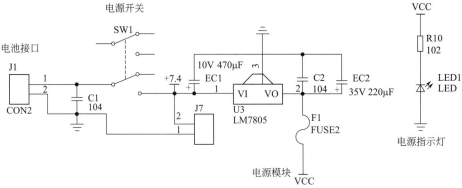

图 7-6 LM7805 应用原理图

而电机 PWM 驱动模块采用 LM7805 模块供电，根据芯片手册可设计电路如图 7-6 所示。

7.4.2 51 最小系统模块

本电路以 STC89C52 芯片为核心，根据 STC 官方数据手册设计最小系统。最小系统设计采用 STC 官方提供的 STC89C×××经典应用电路设计方案，选取 11.0592MHz 外部晶振，低电平外部复位，如图 7-7 所示。为了减小高频干扰，将滤波电容 C1 接入开关引脚。

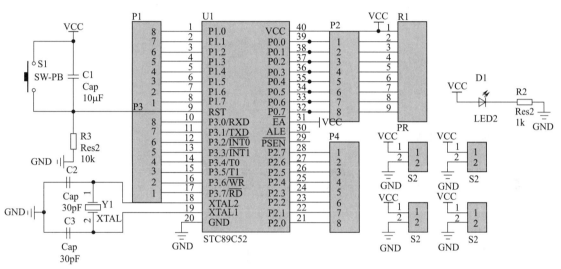

图 7-7　单片机最小系统及其复位电路原理图

7.4.3 电机 PWM 驱动模块

L293D 芯片是一个内部有两个 H 桥的高电压、大电流全桥式驱动芯片，可以用来驱动直流电动机、步进电动机，如图 7-8 所示。

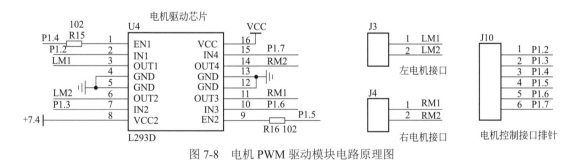

图 7-8　电机 PWM 驱动模块电路原理图

7.4.4 检测红线灰度传感器模块

检测红线灰度传感器模块是一个能够实现黑色检测的电子部件，在环境光干扰不是很严重的情况下，用于区别白色与其他颜色，如图 7-9 所示。

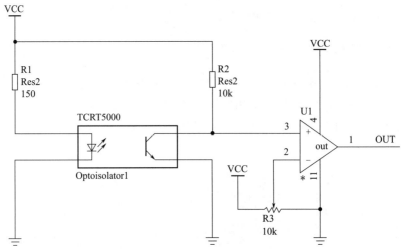

图 7-9　检测红线灰度模块电路原理图

7.4.5　人机交互模块

　　人机交换模块包括用户按键、LED 指示灯、电源指示灯和数码管接口。用户可使用按键对系统参数进行设置，利用数码管显示观察各项参数，通过 LED 指示灯指示系统运行状态。电路图如图 7-10 和图 7-11 所示。

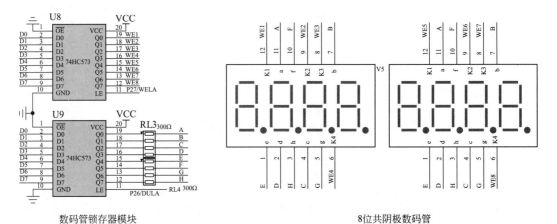

数码管锁存器模块　　　　　　　　　　8位共阴极数码管

图 7-10　数码管接口原理图

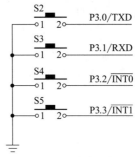

图 7-11　用户按键原理图

7.5　系统软件设计

7.5.1　电机转速控制

通过设定两个占空比的变量来控制电机的转速。占空比=（变量值×定时周期）/大周期，电机转速与占空比成正比。

```
uchar PWM_left_val = 110; //左电机占空比值取值范围
uchar PWM_right_val = 110; //右电机占空比值取值范围
```

其中 PWM_left_val 为左电机占空比变量，PWM_right_val 为右电机占空比变量；在现场调试时通过改变电机占空比的变量来控制电机转速，进而消除不同环境下对小车车速的影响。

通过配置单片机定时器 T0 来实现精准定时周期 T1，而变量 PWM_left_val 和 PWM_right_val 来定时大周期 T，$T = T_1 \times 256 = 20(ms)$，代码如下。

```
void intter0() interrupt 1
{
    PWM_T++;
    if(PWM_T <=PWM_left_val)
    {
        left_motor_en;
    }
    else{left_motor_dis;}
    if(PWM_T <=PWM_right_val)
    {
        right_motor_en;
    }
    else{ right motor dis;}
    P0=leddata[Room_num];
}
```

通过分析可以得出电机占空比公式：PWM = PWM_right_val / 256。

7.5.2　人机交互程序

单片机启动后，可以通过按键 key_s2 来切换病房号并且数码管显示模块一直会实时显示切换的病房号，只有当确定键 key_s3 按下后才会进入循迹程序模块。人机交互程序流程图如图 7-12 所示。

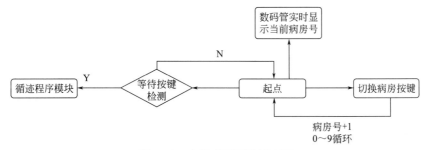

图 7-12　人机交互程序流程图

```
void key exa()
{
    while(1)
    {
        if(key_s2==0)
        {
            delay(20);
            if(key_s2==0)
            {
                Room_num++;
                if(Room_num > 9)
                {
                    Room_num=1;
                }
                while(key_s2==0);
            }
        }
        if(key_s3==0)
        {
            delay(20);
            if(key_s3==0)
            {
                EN_room++;
                while(key_s3==0);
                break;
            }
        }
    }
}
```

分析上面代码可知，当按键低电平时，进入检测程序，先消抖 20ms，之后再次检测是否为 0，若是，则确定按键按下后进行相应指令操作，其中 Room_num 为切换的病房号变量，EN_room 为确定该病房标志变量。

```
void intter0() interrupt 1
    {
        PWM_T++;
        if(PWM_T <=PWM_left_val)
        {
            left_motor_en;
        }
        else{left_motor_dis;}
        if(PWM_T <=PWM_right_val)
        {
```

```
            right_motor_en;
        }
        else{ right_motor_dis;}
        P0=leddata[Room_num];
    }
```

其中 P0 = leddata[Room_num]；指令为实时刷新数码管的值，而数码管的值等于实时病房号
Room_num。

7.5.3　循迹程序分析

以寻 7 号病房为例，进行分析循迹病房程序，其他病房同理，示意图如图 7-13 所示。

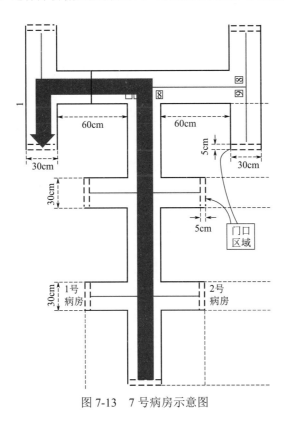

图 7-13　7 号病房示意图

其中"倒车调头"为后退到病房后再进行调头，目的是不受病房处黑线对五路光敏灰度传
感器造成的影响。如何识别送达病房的十字路口呢？是通过标志位计数来识别到达近端、中端
和远端。

首先对寻直线（循线）函数进行讲解。

```
void go straight()
{

if(L_led1==0&& M_led0==1 &&R_led1==0 )//识别红线直行
    {
```

```
        forward();
    }
else
    {
        if(L_led1==1 &&R_led1==0)//小车右边出线，左转修正
        {
            left_run();//左转
        }
        if(L_led1==0 &&R_led1==1)//小车左边出线，右转修正
        {
            right_run();//右转
        }
        if(L_led2==1 && L_led1==0 &&R_led2==0)//小车右边出线
        {
            left_run();//左转
        }
        if(L_led1==0 &&R_led1==0 &&R_led2==1)//小车左边出线
        {
            right_run();//右转
        }
    }
}
```

将五路光敏灰度传感器的五个小灯标记为 L_led1、L_led2、M_led0、R_led1、R_led2 变量，当小灯遇到红线，对应引脚为高电平，否则为低电平。所以可以把程序设计成只在 M_led0 = 1 时直走 forward()；当 R_led1 和 R_led2 有一个以上为高电平时右拐 right_run()；当 L_led1 和 L_led2 有一个以上为高电平时左拐 left_run()，这就是寻直线的程序设计思路，流程图如图 7-14 所示。

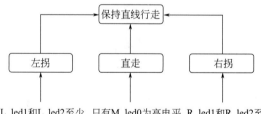

图 7-14　寻直线流程图

下面讲解转弯函数的思路，以右转为例，程序如下。

```
if((uchar)L_led2 +(uchar)L_led1+(uchar)R_led1 +(uchar)R_led2 >=2)
{
    backward();
    delay(40);
    stop();
```

```
    delay(500);
    while((uchar)R_led1 !=1)
    {
        right_run();
    }
}
```

　　当 L_led2、L_led1、R_led1 和 R_led2 有两个以上为高电平时，说明小车到达十字路口，进入转弯程序，进入程序后一直右转，直到 R_led1 为高电平，这说明已经转至另一条直线，可以退出右转，进入寻直线程序，流程图如图 7-15 所示。

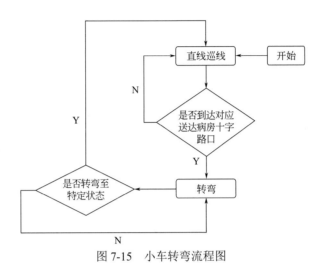

图 7-15　小车转弯流程图

　　下面讲解倒车调头函数的思路，程序如下：

```
    go straight();
    if((uchar)L_led2 +(uchar)L_led1+(uchar)R_led1 +(uchar)R_led2 >=2)
    {
        stop();
        delay(500);
        backward();
        delay(200);
        while((uchar)R_led2 !=1)
        {
            turn_roud();
        }
    }
```

　　当 L_led2、L_led1、R_led1 和 R_led2 有两个以上为高电平时，说明小车到达病房停车处，进入调头转弯程序，进入程序后退出病房，以防止病房黑线干扰光敏灰度传感器，之后运行原地调头程序，直到 R_led2 为高电平，说明已经调头成功，就可以退出调头循环，进入寻直线程序，流程图见图 7-16。

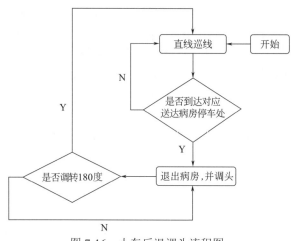

图 7-16　小车后退调头流程图

7.6　系统测试及结果分析

7.6.1　系统指标参数

系统指标参数包括 DC-DC 稳压电路模块输出电压值、电池电压值、光敏灰度传感器的灵敏度、按键的灵敏度与数码管的显示情况和小车任务完成度。

7.6.2　实物外观

经过焊接和组装，得到药物配送小车，如图 7-17 所示。

图 7-17　药物配送小车实物外观

7.6.3　测试内容与方法及测试结果分析

（1）DC-DC 稳压电路模块输出电压值

测试方法：在电机输出不同转速的情况下，分别测试了 DC-DC 稳压电路模块输出电压值，测量结果如表 7-1 和表 7-2 所示。

表 7-1 单侧轮转动时电压输出值

电机转速/（脉冲/s）	万用表 1 测量值/V	万用表 2 测量值/V	万用表 3 测量值/V
500	5.01	5.01	5.01
1000	5.01	5.00	5.01
1500	5.02	5.02	5.01
2000	5.01	5.01	5.01
2500	5.01	5.01	5.00

表 7-2 双侧轮同时转动时电压输出值

电机转速/（脉冲/s）	万用表 1 测量值/V	万用表 2 测量值/V	万用表 3 测量值/V
500	5.00	5.01	5.01
1000	5.01	5.00	5.01
1500	5.00	5.01	5.01
2000	5.01	4.99	5.01
2500	5.01	4.98	5.00

测试结果及分析：在编码器输出小于 1500 脉冲/s 时，DC-DC 稳压电路模块输出电压基本维持在 5V；当编码器输出大于 1500 脉冲/s 时，DC-DC 稳压电路模块输出电压会有 0.01V 的左右跳变。但不论是双侧电机同时转动还是单侧电机转动，电压差值都在 0.02V 范围内。在实地应用测试中，编码器输出不会超过 2000 脉冲/s，故不影响使用。

（2）电池电压测量值

测试方法：使用两个万用表分别测量动力电池电压，并将其与原本的输出值进行对比，测量结果如表 7-3 所示。

表 7-3 电池电芯为 2 节 18650 时电压值测量　　　　　单位：V

电压值	万用表 1 测量值	万用表 2 测量值	测量电压值
7.4	7.4	7.4	7.4
7.6	7.6	7.6	7.6
7.9	7.9	7.9	7.9
8.0	8.0	8.0	8.0
8.1	8.1	8.1	8.1
8.3	8.3	8.3	8.3

测试结果及分析：由表 7-3 中结果可以看到，对两节锂电池进行电压测量时，从 8.3V 到 7.4V，万用表 1、万用表 2 以及电池电压测量电路在测量精度要求相同情况下测得的电压值相等。此现象说明该模块的性能能够满足常用电压范围内的测量精度要求，符合使用的条件。

（3）光敏灰度传感器的灵敏度

测试方法：在不同的路面状态用五路光敏灰度传感器检测红线，使用一个万用表检测五路光敏灰度传感器的五个引脚电平并观察记录。记录图如图 7-18～图 7-22 所示。不同路面下测试的五路光敏灰度传感器电压值测量如表 7-4 所示。

图 7-18　直线下五路光敏灰度传感器状态图

图 7-19　十字路口下五路光敏灰度传感器状态图

图 7-20　T 字路口下五路光敏灰度传感器状态图

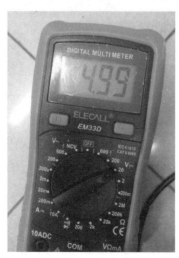　　

图 7-21　传感器灯灭对应引脚电压值图　　　图 7-22　传感器灯亮对应引脚电压值图

表 7-4　不同路面下测试的五路光敏灰度传感器电压值测量　　　　　单位：V

电压值	L2 灯	L1 灯	M0 灯	R1 灯	R2 灯
直线 1	1.89	1.88	4.99	1.85	1.86
直线 2	1.87	1.90	4.95	1.88	1.86
直线 3	1.90	1.90	4.96	1.85	1.83
十字路口 1	4.86	4.88	4.86	4.86	4.85
十字路口 2	4.85	4.89	4.84	4.87	4.88
十字路口 3	4.82	4.83	4.88	4.86	4.89
T 字路口 1	1.87	1.90	4.84	4.87	4.88
T 字路口 2	1.87	1.90	4.96	1.85	1.83
T 字路口 3	1.90	1.90	4.86	4.86	4.85

测试结果及分析：由表 7-4 中结果可以看到，五路光敏灰度传感器的五个引脚电平，在特定路面状态都很好地对应了该有的检测电平。此现象说明该模块的灵敏度要求满足检测精度要求，符合使用的条件。

（4）按键的灵敏度与数码管的显示

测试方法：实时观察按键按下后，数码管是否会显示并且数值+1。记录图如图 7-23 和图 7-24 所示。

图 7-23　连按 6 次按键后数码管的显示　　　图 7-24　连按 9 次按键后数码管的显示

测试结果及分析：通过实时观察发现，在低速、中速、高速按下按键后，数码管精准显示并且数值+1，说明在硬件设计上没出现虚焊，软件设计上没出现逻辑错误。

（5）小车任务完成度

测试方法：在实际场地完成任务，记录任务完成度。记录图如图 7-25～图 7-28 所示。

测试结果及分析：小车在重复五次实验后仍然能很好地完成近端、中端、远端送药任务，但发现在送达远端药品时，在远端第一次转弯处因为受赛道凹凸程度的影响，小车容易卡死，在近端和中端对应的电机转速不够，所以在多次调试后，将远端病房循迹程序的电机占空比从 95/256

改为110/256，即可解决受场地影响的问题。此现象说明设计的小车在硬件的各个模块设计上和功能上没有问题，且整体的程序思路框架及各个封装的功能模块函数没有逻辑错误，可以完成任何病房的送药任务。

图 7-25　到达 1 号病房

图 7-26　到达 4 号病房

图 7-27　到达 7 号病房

图 7-28　小车转弯图

本章小结

本系统以 STC 公司的 STC89C52 单片机为主控设计，作为简易药物配送小车的检测和控制核心。

硬件设计分为 5 个模块：稳压供电模块、人机交互模块、检测红线灰度传感器模块、电机 PWM 驱动模块、51 最小系统模块。稳压供电模块采用 DC-DC-LM2596 简单开关电源变换器和 LM7805 稳压器将锂电池输入电压稳压于 5V 给整个系统供电；人机交互模块采用四角直插按键和八位共阴极数码管等来实现选择病房功能；检测红线灰度传感器模块采用五路光敏灰度传感器用于检测路面红线；电机 PWM 驱动模块采用 L293D 驱动芯片用于驱动直流减速电机的转动。

　　在软件设计上，利用模块化思想将函数进行封装处理，通过按键 key_s2 来切换病房，通过按键 key_s3 来确定病房，确定病房后进入自动寻找病房程序，且实时通过数码管将病房号显示出来，最后利用 PWM 调速控制直流减速电机的转速。

　　通过光敏灰度传感器使用 PWM 算法对小车的运动进行控制，实现了小车在自动送药和返回过程中的精准控制。在实际场地测试过程中完美地实现了近端、中端和远端各个病房的往返，且在多次试验下，仍然能很好地实现病房的往返。

第 8 章 电风扇控制系统的设计与实现

从 18 世纪发明电风扇以来，电风扇已经成为人们日常生活中常用的降温工具，从开始的吊扇到现在的 USB 电风扇，无处不见电风扇的踪迹。虽然如今空调已经走进千家万户，但是电风扇的地位还是无可取代，使用它节能环保，安装灵活方便。电风扇吹风比较自然，吹风同时可开门窗，空气流通性好。

最新式电风扇是集自动化、智能化、人性化等于一体的多功能机电产品，尤其是基于单片机控制的智能电风扇，正在以其特有的优势，即智能化程度高、控制精度高、操作简单、廉价易得、抗干扰能力强，逐步占领市场，受到广大用户的欢迎与好评。

本章介绍了基于 STC89C52 单片机的智能电风扇模拟控制系统的设计，可以控制电风扇的开关、定时、调速和工作模式，该系统具有使用方便灵活、性价比高等特点。

8.1 设计内容及要求

8.1.1 设计内容

利用 Proteus 实现功能仿真，仿真后的程序下载到 51 系列单片机，实现电风扇模拟控制系统的功能，并通过 LCD 或者点阵式 LED 显示。

8.1.2 设计要求

① 根据功能要求选择设计方案，并进行论证。

② 完成系统整体设计方案，画出电路的总体方框图，并在 Proteus 上设计出电路原理图。

③ 绘制程序说明及流程图并完成程序设计，要求用汇编语言编程或与 C 语言混合编程。

④ 实现 5 个独立按键分别控制"强风""中风""弱风""开始"和"摇头"等功能，并通过数码管显示区别。

⑤ 实现每种类型风的 4 种风量控制，例如用"强风"按钮实现不同"强风"之间的切换。

⑥ 用 Proteus 对电路及程序进行仿真调试，直到正确显示所要求的信息。

⑦ 在电路开发板或实验箱上实现设计内容和要求。

8.2 设计原理

8.2.1 主控电路

主控芯片采用 STC 公司生产的低功耗、高性能 CMOS 8 位微控制器——STC89C52，其具有

8KB 系统可编程 Flash 存储器。STC89C52 使用经典的 MCS-51 内核，但是做了很多的改进，使得芯片具有传统的 51 系列单片机不具备的功能。在单芯片上，拥有 8 位 CPU 和在系统可编程 Flash，使得 STC89C52 可为众多嵌入式控制应用系统提供高灵活性、超有效的解决方案，其原理图如图 8-1 所示。

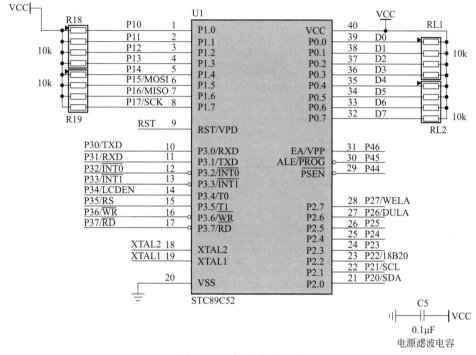

图 8-1 主控芯片原理图

8.2.2 显示电路

显示电路采用2×16液晶屏幕LCD1602，用户可以利用LCD1602液晶屏幕显示观察各项参数。LCD1602 液晶屏幕是专门用来显示字母、数字、符号等的点阵型液晶模块。它由若干个 5×7 或者 5×11 点阵字符位组成，每个点阵字符位可以显示一个字符，每位之间有一个点距的间隔，每行之间也有间隔，起到了字符间距和行间距的作用。它具有微功耗、体积小、显示内容丰富的特点。可通过对比度电位器来调节液晶屏直至可以清晰显示所需的各项参数。其原理图如图 8-2 所示。

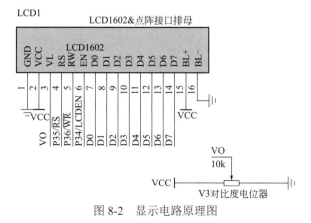

图 8-2 显示电路原理图

8.2.3 按键电路

矩阵键盘又称行列键盘，它是用四条 I/O 线作为行线、四条 I/O 线作为列线组成的键盘。在行线和列线的每个交叉点上设置一个按键，这样键盘上按键的个数就为 4×4 个。这种行列式键盘结构能有效地提高单片机系统中 I/O 口的利用率。最常见的键盘一般由 16 个按键组成，在单片机中正好可以用一个 P 口实现 16 个按键功能，这也是在单片机系统中最常用的形式。4×4 矩阵键盘的内部电路如图 8-3 所示。

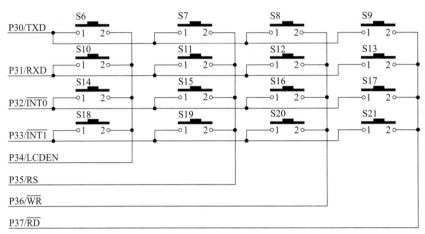

图 8-3　按键电路原理图

8.2.4　LED 电路

LED 电路采用 8 只 LED，其工作是有方向性的，只有当电源正极接到 LED 阳极，单片机 I/O 口输出低电平时，LED 才能工作，反接 LED 是不能正常工作的。此 51 系列单片机采用静态显示。静态显示就是当数码管显示某一个字符时，相应的发光二极管一直处于发光或熄灭状态。其具有程序简单、亮度高、工作效率高等优点，原理图如图 8-4 所示。

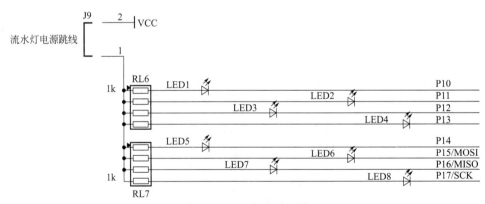

图 8-4　LED 电路原理图

8.2.5　报警电路

报警电路采用 5V 有源蜂鸣器发声，以及利用三极管 S8550 进行放大，利用软件延时实现蜂鸣器有规律性地发声以及停止，以此来模拟报警声。当定时器倒计时结束后开始启动报警电路，其原理图如图 8-5 所示。

图 8-5 报警电路原理图   图 8-6 复位电路原理图

8.2.6 复位电路

复位电路采用按键复位的形式实现复位。复位电路的作用是使微控制器在获得供电的瞬间，由初始状态开始工作。若微控制器内的随机存储器、计数器等电路获得供电后不经复位便开始工作，可能某种干扰会导致微控制器因程序错乱而不能正常工作，为此，微控制器电路需要设置复位电路。复位电路原理图如图 8-6 所示。

8.2.7 振荡电路

晶振是为电路提供频率基准的元器件，通常分成有源晶振和无源晶振两大类。无源晶振需要芯片内部有振荡器，并且晶振的信号电压根据起振电路而定，允许不同的电压；但无源晶振的信号质量和精度通常较差，需要精确匹配外围电路（电感、电容、电阻等），如需更换晶振，则要同时更换外围的电路。有源晶振不需要芯片的内部有振荡器，可以提供高精度的频率基准，信号质量也较无源晶振要好。因价格等因素，实际应用中多采用无源晶振设计电路。此振荡电路采用频率为 11.0592MHz 的晶振，将电源的直流电能转变成一定频率的交流信号。振荡电路原理图如图 8-7 所示。

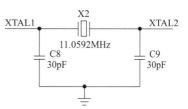

图 8-7 振荡电路原理图

8.3 设计方案

8.3.1 设计思路

电风扇系统设计主要分为显示、LED 电路、按键电路、报警电路 4 个部分。以 STC89C52 单片机为核心元件，显示电路采用 16×2 液晶屏幕 LCD1602 进行字符串以及风量控制的数字显示，LED 电路采用 8 只发光二极管利用 I/O 口静态显示电风扇风速和摇头，报警电路利用蜂鸣器的间断性延时发音进行定时结束后报警声音的模拟，按键电路利用独立按键 S6～S11 实现强风、中风、弱风、开始、摇头、定时参数的控制。此外，振荡电路采用频率为 11.0592MHz 的晶振将电源的直流电能转变成一定频率的交流信号，复位电路采用按键复位的形式进行复位，设计思路框图如图 8-8 所示。

图 8-8 系统总设计思路框图

8.3.2 程序流程图

（1）按键程序流程图

按键电路采用矩阵键盘中的五个独立按键实现强风、中风、弱风、开始、摇头的功能。按下独立按键 S6 可实现弱风的功能，再次按 S6 可以进行风量控制；按下独立按键 S7 可实现中风的功能，再次按 S7 可以进行风量控制；按下独立按键 S8 可实现强风的功能，再次按 S8 可以进行风量控制；按下独立按键 S10 则电风扇开始工作；按下独立按键 S11 电风扇摇头；在电风扇工作模式

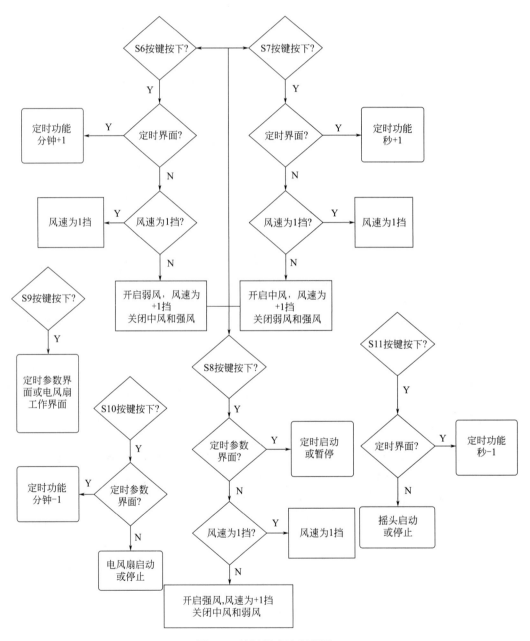

图 8-9　按键程序流程框图

下，按下独立按键 S9 可以进入定时参数设置界面，在此界面按下独立按键 S6 和独立按键 S10 可以对定时的分钟位加减，按下独立按键 S7 和独立按键 S11 可以对定时的秒数位加减，按下独立按键 S8 可以启动定时和暂停定时，定时参数界面下按独立按键 S9 可以进入电风扇工作界面，其具体流程如图 8-9 所示。

（2）蜂鸣器报警程序流程图

定时倒计时结束后，考虑到需要提醒电风扇停止工作，所以本次课程设计使用有源蜂鸣器，蜂鸣器报警标志位 Buzz 等于 1 时三极管导通，使蜂鸣器具有电压差从而发出声音报警，同时电风扇停止工作和摇头，其具体流程如图 8-10 所示。

（3）LED 模拟输出程序流程图

此次单片机课程设计需要控制电风扇进行模拟输出，同时应区别出"强风""中风""弱风"等功能的不同，也应区别实现每种类型风的 4 种风量控制，因此可以使用不同占空比的闪烁 LED 灯表示出不同的风量，然后用对应相等占空比的流水灯表示电风扇摇头，当为弱风时 LED3 点亮，当为中风时 LED2 点亮，当为强风时 LED1 点亮，其具体流程如图 8-11 所示。

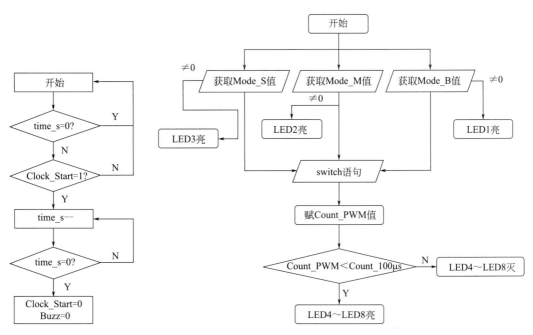

图 8-10　蜂鸣器报警程序流程框图　　　　图 8-11　LED 模拟输出程序流程框图

（4）电风扇定时程序流程图

利用定时器 T0 中断来进行占空比的配置，每 100μs 进入一次中断，每 14 次中断为一个周期，根据 LED 灯一个周期亮的次数来配置闪烁频率。利用定时器 T1 中断来进行精准计时，每 1ms 进入一次中断，每 1000 次中断计时 1s，同时在倒计时结束时，对蜂鸣器相应的标志位 Buzz 置"0"，开始报警。如果开启了摇头，每进入一次中断 Led_1ms+1，不同模式、不同风量下 Led_time 不同，当 Led_1ms≥Led_time 时，uLed 向左移动一位，每移动 5 次实现一个循环，从而实现流水灯的效果，其具体流程如图 8-12 所示。

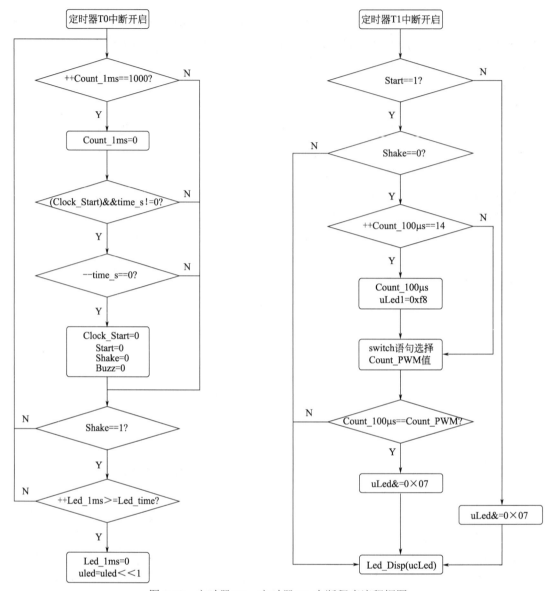

图 8-12　定时器 T0、定时器 T1 中断程序流程框图

8.4　Proteus 原理图仿真

8.4.1　主控电路仿真

采用 Proteus 仿真中的 STC89C52RC 作为主控芯片，EA 口接高电平，对 XTAL1、XTAL2、RST、P0 8 个 I/O 口、P1 8 个 I/O 口、P2.3、P3 8 个 I/O 口进行标号，其主控电路仿真如图 8-13 所示。

8.4.2　报警电路仿真

采用 Proteus 仿真中的有源蜂鸣器，用 2N2907 三极管进行放大，报警电路仿真如图 8-14 所示。

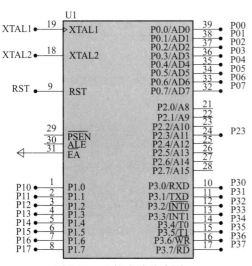

图 8-13　主控电路仿真图

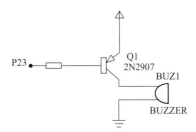

图 8-14　报警电路仿真图

8.4.3　按键电路仿真

Proteus 中的第一排按键一端都接 P30，另一端分别接 P34～P37，第二、第三、第四排按键一端分别接 P31、P32、P33，另一端对应分别接 P34、P35、P36、P37，按键电路仿真如图 8-15 所示。

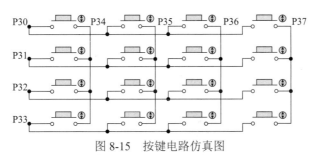

图 8-15　按键电路仿真图

8.4.4　显示电路仿真

采用 Proteus 中的 LCD 仿真元件，将引脚 VSS 接地，引脚 VDD 接电源，引脚 RS、RW、E 分别与 P35、P36、P34 相连，D0～D7 分别与 P0 八个引脚相连，显示电路仿真如图 8-16 所示。

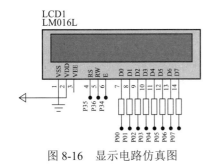

图 8-16　显示电路仿真图

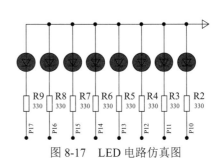

图 8-17　LED 电路仿真图

8.4.5 LED 电路仿真

采用 Proteus 中的 LED 仿真元件，将正极接电源，LED 的负极接限流电阻，再与 STC89C52RC 的 P1 口相连，LED 电路仿真如图 8-17 所示。

8.4.6 振荡电路仿真

振荡电路仿真采用 Proteus 中频率为 11.0592MHz 的晶振 X1 以及两个电容值为 22pF 的电容 C1、C2，与主控芯片的 XTAL1 和 XTAL2 相连接，振荡电路仿真如图 8-18 所示。

图 8-18 振荡电路仿真图   图 8-19 复位电路仿真图

8.4.7 复位电路仿真

复位电路由 Proteus 中的独立按键、阻值为 4.7kΩ 的电阻、容值为 10μF 的电容 C3 以及电源组成，复位电路仿真如图 8-19 所示。

8.5 仿真结果

8.5.1 弱风 风量等级=2

开启仿真后，仿真开始界面状态如图 8-20 所示。

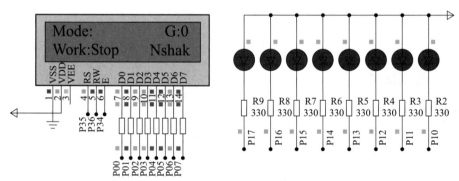

图 8-20 仿真开始界面状态图

按下按键 S6，切换为弱风模式，再次按下 S6，风量等级变为 2，LCD 显示界面和 LED 状态如图 8-21 所示。

按下按键 S10，开启电风扇，LCD 显示界面和 LED 灯状态如图 8-22 所示。

按下按键 S11，电风扇开始摇头，LCD 显示界面和 LED 灯状态如图 8-23 所示。

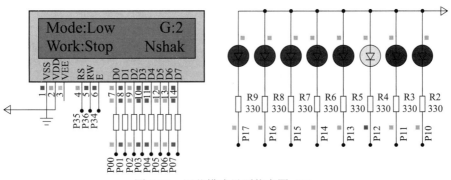

图 8-21　调节模式界面状态图（1）

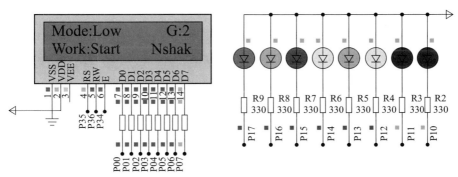

图 8-22　电风扇开启界面状态图（1）

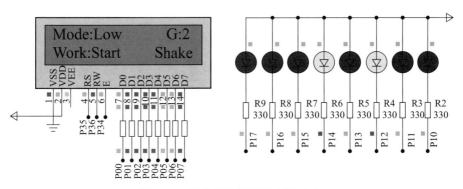

图 8-23　开启摇头界面状态图（1）

8.5.2　中风　风量等级=3

按下按键 S7，切换为中风模式，再按下 2 次 S7，风量等级变为 3，LCD 显示界面和 LED 状态如图 8-24 所示。

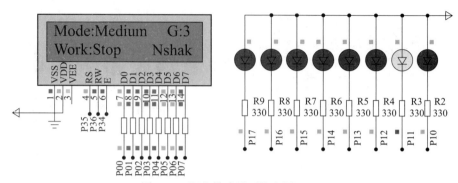

图 8-24　调节模式界面状态图（2）

按下按键 S10，开启电风扇，LCD 显示界面和 LED 状态如图 8-25 所示。

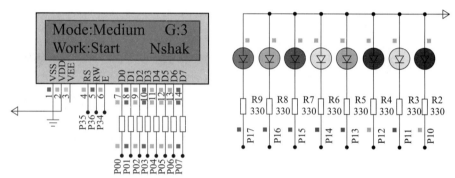

图 8-25　电风扇开启界面状态图（2）

按下按键 S11，电风扇开始摇头，LCD 显示界面和 LED 状态如图 8-26 所示。

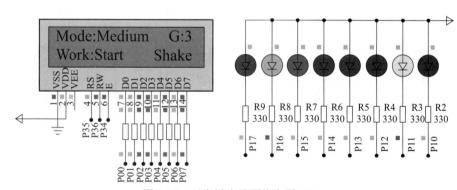

图 8-26　开启摇头界面状态图（2）

8.5.3　强风　风量等级=4

按下按键 S8，切换为强风模式，再按下 3 次 S8，风量等级变为 4，LCD 显示界面和 LED 状态如图 8-27 所示。

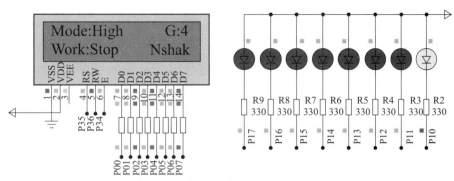

图 8-27　调节模式界面状态图（3）

按下按键 S10，开启电风扇，LCD 显示界面和 LED 状态如图 8-28 所示。

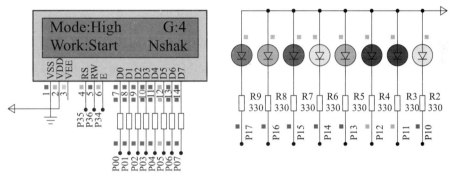

图 8-28　电风扇开启界面状态图（3）

按下按键 S11，电风扇开始摇头，LCD 显示界面和 LED 状态如图 8-29 所示。

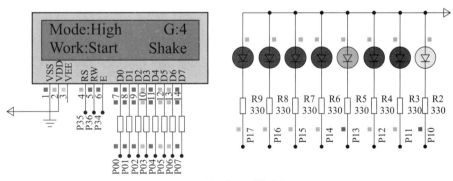

图 8-29　开启摇头界面状态图（3）

8.5.4　定时关闭电风扇

按下按键 S9，切换为定时参数设置界面，同时电风扇在工作和摇头，LCD 显示界面和 LED 状态如图 8-30 所示。

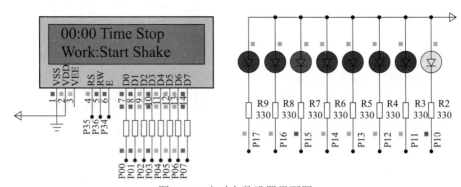

图 8-30　定时参数设置界面图

通过按键 S6、S7、S10、S11，设置定时参数，并按下按键 S8 开启定时，LCD 显示界面和 LED 状态如图 8-31 所示。

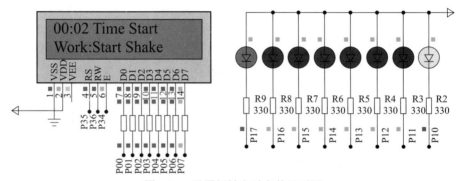

图 8-31　设置闹钟定时参数界面图

定时倒计时结束后，电风扇停止工作和摇头，蜂鸣器进行报警，LCD 显示界面和 LED 状态如图 8-32 所示。

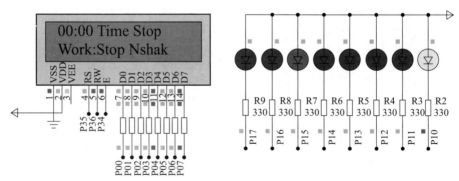

图 8-32　定时关闭电风扇界面图

8.6　硬件调试

8.6.1　按键与 LCD 显示部分

系统按键部分实现了以下功能：按下 S6～S8 键切换电风扇模式，见图 8-33，多次按下每个键可以切换风量等级，按下 S10 键开启电风扇，按下 S11 键电风扇开始摇头。按下 S9 键切换为定时参数设置界面，见图 8-34，S6、S7、S10、S11 键可以设置定时时间，按下 S9 键启动定时。

图 8-33 模式调节界面图

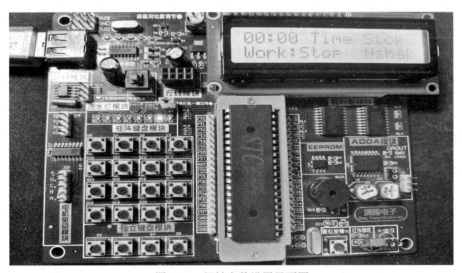

图 8-34 闹钟参数设置界面图

注意：当调试过程中出现了按键没有反应或者反应不及时，LCD 显示界面不更新，主要原因可能是按键的去抖动延时时间过长，改进方法为将对应的按键去抖动延时时间适量缩短，但也不应过小，否则会出现"一按多次有效"的情形。

8.6.2　LED 模拟输出部分

本部分设计重在软件设计模拟输出，使用不同占空比的闪烁 LED 表示出不同的风量，电风扇工作界面见图 8-35；然后用对应相等占空比的流水灯表示电风扇摇头，见图 8-36，当为弱风时 LED3 点亮，当为中风时 LED2 点亮，当为强风时 LED1 点亮。

图 8-35　电风扇工作界面图

图 8-36　电风扇摇头界面图

8.6.3　定时功能与蜂鸣器报警部分

如图 8-37 所示，电风扇可以设置定时功能，定时功能开启后进入倒计时模式。倒计时结束后，考虑到需要提醒电风扇停止工作，所以本设计使用有源蜂鸣器，蜂鸣器报警标志位 Buzz 等于 1 时三极管导通，使蜂鸣器具有电压差从而发出声音报警，同时停止电风扇工作和摇头，见图 8-38。

图 8-37　定时器开始工作界面图

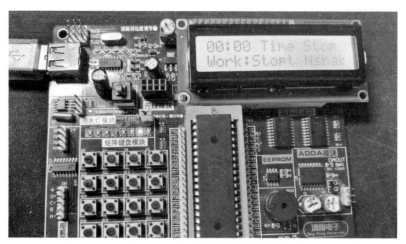

图 8-38　定时结束工作界面图

本章小结

　　以 STC89C52 单片机为核心设计一个电风扇模拟控制系统,五个独立按键作为人机交互媒介,当按下按键 S6～S8 键时切换为弱风、中风、强风,再次按下这三个键时切换不同风量,可以设置闹钟定时,当计时倒数结束后,开启声音报警,同时暂停电风扇工作和摇头。本次硬件部分包含报警电路、振荡电路、复位电路、显示电路、LED 电路以及按键电路六部分电路。在这些硬件设计的基础上,采用的软件设计包含定时器中断程序、液晶屏显示和 LED 显示程序、蜂鸣器报警程序、按键程序以及延时程序。先利用 Proteus 软件画出原理图进行仿真调试,成功后再将相应程序烧录进开发板进行实物调试,直至实现所要求的各项功能。

参考文献

[1]   刘教瑜，舒军. 单片机原理及应用[M]. 2版. 武汉：武汉理工大学出版社，2014.

[2]   边莉，张起晶，黄耀群. 51单片机基础与实例进阶[M]. 北京：清华大学出版社，2012.

[3]   王晓明. 电动机的单片机控制[M]. 北京：北京航空航天大学出版社，2002.

[4]   杨居义，马宁，靳光明，等. 单片机原理与工程应用[M]. 北京：清华大学出版社，2009.

[5]   肖看，李群芳. 单片机原理、接口及应用——嵌入式系统技术基础[M]. 2版. 北京：清华大学出版社，2010.

[6]   肖洪兵，等. 跟我学用单片机[M]. 北京：北京航空航天大学出版社，2002.

[7]   宋雪松，李冬明，崔长胜. 手把手教你学51单片机（C语言版）[M]. 北京：清华大学出版社，2014.

[8]   郭天祥. 新概念51单片机C语言教程——入门、提高、开发、拓展全攻略[M]. 2版. 北京：电子工业出版社，2018.

[9]   王云. 51单片机C语言程序设计教程[M]. 北京：人民邮电出版社，2018.

[10] 吴险峰. 51单片机项目教程（C语言版）[M]. 北京：人民邮电出版社，2016.

[11] 李朝青，卢晋，王志勇，等. 单片机原理及接口技术[M]. 5版. 北京：北京航空航天大学出版社，2017.

[12] 瓮嘉民. 单片机应用开发技术——基于Proteus单片机仿真和C语言编程[M]. 北京：中国电力出版社，2010.

[13] 孙立书. 51单片机应用技术项目教程（C语言版）[M]. 北京：清华大学出版社，2015.

[14] 牛军. MCS-51单片机技术项目驱动教程（C语言）[M]. 北京：清华大学出版社，2015.

[15] 张景璐，于京，马泽民. 51单片机项目教程[M]. 北京：人民邮电出版社，2010.

[16] 89C51/89C52/89C54/89C58 80C518-bit microcontroller family data sheet[EB/OL]. https://www. szlcsc. com/.

[17] PCF8591T模数转换模块[EB/OL]. https://www. waveshare. net/wiki/PCF8591_AD_DA_Board.

[18] DS18B20数据书[EB/OL]. www. alldatasheet. com.

[19] STC12C5410AD系列单片机器件手册[EB/OL]. https://www. szlcsc. com/.